육아가
유난히 고된
어느 날

초보 엄마가 감당할 만큼의 미니멀 육아습관

육아가 유난히 고된 어느 날

부모되는 철학시리즈 11

초판 1쇄 인쇄 | 2018년 11월 10일
초판 1쇄 발행 | 2018년 11월 15일

지은이 | 이소영
발행인 | 김태영
발행처 | 도서출판 씽크스마트
주　소 | 서울특별시 마포구 토정로 222(신수동) 한국출판콘텐츠센터 401호
전　화 | 02-323-5609 · 070-8836-8837
팩　스 | 02-337-5608

ISBN 978-89-6529-196-1　03590

부 모 되 는
철학시리즈
11

초보 엄마가 감당할 만큼의
미니멀 육아습관

육아가
유난히 고된
어느 날

이소영 지음

아이는 물리적 환경뿐 아니라 인적 환경과의 상호작용을 통해 성장·발달한다. 인적 환경으로 아이에게 가장 많은 영향을 끼치는 사람은 부모이다. 아이가 심리적으로 가장 가깝게 여기는 존재이기 때문이다. 부모가 좋은 관점을 갖고 육아를 한다면 아이는 몸과 마음이 건강하게 자랄 수 있다.

요즘 많은 부모가 육아에 소신 없이 세상의 유행에 휩쓸리거나 자기 욕망을 아이에게 투영시키고 있다. 저자는 자가운전 대신 대중교통을 이용하면서 아이에게 더 많은 것을 보게 해주고, 비싼 장난감을 사주기보다 스스로 만든 놀잇감으로 아이와 몸으로 상호작용하는 등 중심을 잡고 아이를 키우고 있다. 이 책은 부모로서 올곧은 방향의 철학을 갖게 해준다.

국제아동발달교육연구원장, 《아이가 보내는 신호들》 저자 최순자 박사

검색 한 번이면 정보가 쏟아지는 세상이지만 '알짜'는 쉽게 드러나지 않

아이가 자라는 만큼
발전하는 엄마의 생각

는다. 조언이 부족해서, 정보가 없어서 육아하기 어려운 시대는 지났는데 오히려 '진짜 조언'이 절실한 게 현실.

이소영 작가는 그 진짜 조언을 들려준다. 육아고수도, 전문가도 아니었던 평범한 엄마의 부단한 육아와 자아 성장기로 아이가 자라는 만큼 발전하는 엄마의 생각이 빼곡히 담겼다. '나도 해냈으니, 엄마, 그대도 할 수 있어요'라는 응원 메시지는 독자의 기운을 북돋아 준다. 잘하고 싶은 마음은 크지만 현실이 그 마음과 나란히 달리지 못해 속상한 엄마라면 이 책을 필독서 목록에 추가해 육아 실전에 도움받을 수 있을 것이다.

임신출산육아 전문 미디어 키즈맘 김경림 기자

엄마가 처음인 사람과 책 추천사를 처음 써보는 사람. 뭔가 어설픔 같은 게 닮았단 생각이 든다. 지인의 카페에서 우연히 만난 저자는 돌이 되지 않은 아이를 안고 있었다. 대화 주제가 자연스럽게 육아로 넘어갔고 소영 씨는 건강한 먹거리가 아이의 평생 건강에 미칠 영향에 대한 내 수다를 조용히 들으며 생각에 빠진 듯 보였다. 저자를 다시 만난 건, 한살림 조합원과 지역 주민들에게 미세먼지에 대한 올바른 정보를 전하고자 마련한 원주한살림 특강 자리와 횡성지역 조합원 모임에서였다. 역시 아이를 품에 안고 쉽지 않을 자리에 함께하는 모습을 보고 여러 소모임에서 활동한다는 소식을 들으며 감동했다. 초보 엄마였던 나의 그때가 떠올랐다.

새로운 세상을 알아가면서 획기적인 생각의 전환을 경험했다는 말에 담긴 뜻을 이 책을 통해 비로소 알아들었다. 짧은 만남과 인연, 새로운 경험들을 사유하여 그것을 삶의 건실한 바닥으로 차곡차곡 다져가는 심성이 보였기 때문이다. 엄마가 처음인 독자들이 저자의 심성이 이룬 자취들을 놓치지 않고 볼 수 있길 바란다.

원주한살림 김상분 이사장

디지털미디어 시대의 주인공들이 내 아이를 위한 육아법을 인터넷에서 찾는 것은 당연한 일이다. 하지만 정보의 홍수 속에서 내 아이에게 가장 알맞은 방식을 발견하려면 "육아 미디어 리터러시"가 필요하다. 남들 다 하는 육아경쟁에 휘말리지 않고 줏대 있는 부모로서 자신의 성장도 챙기려면 남다른 내공이 있어야 한다.

밀레니얼 세대이자 소신파 엄마인 이소영 기자의 육아 르포는 아기와의 만남을 기다리는 예비엄마, 육아가 힘겨운 초보엄마, 육아우울증에 위로가 필요한 엄마, 독박육아에 억울한 엄마, 육아 트렌드에서 자유로워지길 바라는 엄마에게 용기와 지혜를 준다. 이 책은 조급증 없이 아이 사랑을 실천하는 엄마 곁에서 아이 스스로 평온하게 노는 장면을 꿈꾸는 엄마들

육아가 유난히 고된 어느 날

에게 내면의 평화를 이룰 현실적인 열쇠를 선물한다.

(사)한국슈타이너인지학센터 대표,《발도르프 육아예술》 저자 이정희 박사

지난 40년 동안 군 생활을 했고 1남 2녀를 키웠다. 아내가 세 아이를 양육하는 게 쉽지 않았을 것이다. 직업상 근무지가 자주 바뀌는 편이라 서른 번도 넘게 이사를 했으니 말이다. 삼 남매의 아빠로서 그런대로 잘 해왔다고 생각한 게 얼마나 부질없었는지 이 책을 읽으면서 깨달았다. 아내와 아이들에게 미안한 마음이 들었다. 아이를 낳고 훌륭하게 키우는 일은 내가 40년 동안 해왔던 일보다 더 중요한 사명 같다.

내 아이들을 기를 때 몰랐던 것들을 손주가 자라는 모습을 보며, 이 책을 보며 알아간다. 이제 우리 집의 왕 '지운'이에게 좀 더 자랑스러운 할아비가 될 수 있을 것 같아 기쁘다. 세상의 엄마들이 살아가는 모습은 제각각 다르다. 하지만 '엄마'가 주는 의미는 아이들에게 비슷할 것이다. 전투 조종사인 남편으로 인해 찢어질 듯한 굉음과 함께 군부대에서 살며 아이를 돌보는 엄마 소영씨의 이야기는 초보 엄마들에게 생각거리를 던져주고 고민을 덜어줄 것이다.

전 공군사관학교장, 현 강릉원주대 국방정보학과 김영민 교수

안 살 순 없지만 덜 사도 괜찮아

출산을 앞둔 친한 언니에게 연락이 왔다. "소영아, 당장 뭐 사야 해?" 언니가 보낸 출산준비물 리스트 사진에 흠칫했다. 나도 모르는 품목이 수두룩해서. 출산박람회를 보러 왔다는 언니 역시 '멘붕'에 빠진 모양이었다. "언니, 우선 사지 말아요. 둘러보고만 와요." 언니 말로는 손수건이나 배냇저고리 같은 기본적인 물건은 선물로 많이 들어왔단다. 그런데도 뭐 더 살 게 없나 찾게 된다고.

신기하게도 내가 만난 둘째, 셋째 엄마들은 출산을 앞두고 대개 이렇게 말했다. "아무것도 준비 안 했어요. 혹시 뭐 이제 안 쓰는 거 없어요? 주변에서 주면 감사히 받아요." 공통점 하나, 여유가 넘친다. 공통점 둘, 아무것도 준비 안 했다면서 순풍 출산하고, 아기도 잘 키운다.

불과 몇 년 전, 출산준비를 하던 나도 언니와 비슷한 예비엄마였다. 10개월의 여정 가운데 '사야 할 것' 체크리스트를 몇 번이나 봤는지 모

살고 싶어서,
견뎌내고 싶어서
'미니멀 육아'

른다. 물건 준비라도 철저히 해야겠다고 생각했으니까. 그랬던 내가 지금 네 살 되어가는 아들을 보며 드는 생각은 물건의 가짓수가 많지 않아도, 특별한 걸 해주거나 보여주려고 안달복달하지 않아도 '아이는 자란다'는 것이다.

아무것도 안 살 수는 없지만, 덜 살 수도 있다는 걸 아이를 낳고서 실감했다. 지나고 보면 굳이 안 사도 되었을 물건이 많다. 육아 역시 시행착오가 있는 법이라고, '추억'이라고 합리화하지만 그래도 아쉬움이 남는다.

이제 물건을 살 때면 서너 번은 곱씹는다. '정말 필요해?' 이걸 사지 않고 대체할 방법은 없는지 아이디어를 짜본다. 최근에는 아이가 욕조에서 물놀이 하는 걸 좋아하길래 안 쓰는 스테인리스 컵과 그릇을 목욕놀이 장난감으로 주었다. 아들은 거기에 물을 쏟고 붓고(반복×100) 작은 자동차도 넣고 잘 논다.

자, 그럼 왜 나는 이렇게 변했을까. 결국 나를 위해서였다고 고백한다.

열 달을 품어 아이를 낳고서야 깨달았다. 아이만 낳는다고 다 엄마가 되는 게 아닌 것을.

'이런 내가 엄마라고? 이렇게 흔들리는데, 무너지는데, 약한데 엄마라고? 유대 격언에 신은 도처에 가 있을 수 없기 때문에 어머니를 만들었다고 하지 않았나? 나 같은 엄마도 있나?'

상상 이상의 반전이었다. 엄마가 감당해야 할 것은 무궁무진했다. 하루는 할 만하다가도 다음날엔 내려놓고 싶었다. 엄마라는 자리와 무게. 그동안 육아하는 엄마들의 '빛'만 봤을 뿐 '어둠'이 공존하는 줄 몰랐던 게다.

출산 후부터 백일까지 하루에도 몇 번씩 아이에게 '미안해'라는 말을 습관처럼 내뱉었다. "기저귀에 쉬한 걸 늦게 봐서 미안해, 네가 왜 우는지 몰라서 미안해, 엄마 자는 게 우선이었던 것 같아 미안해." 답답한 마음에 내 주변의 일상을 탐색해봤더니 나를 둘러싼 모든 것이 크고 작은 형태로 달라져 있었다. 당장 눈앞에 있는 현실부터.

매일같이 산처럼 쌓인 빨래에 치여 살았다. 물에 젖은 솜뭉치처럼 무거운 몸을 일으켜 분유병을 닦는 일도 벅찬 순간이 왔다. 설거지를 하다가 운 적도 있다. 내가 나에게 바라는 기대치와 현실은 너무 달랐다. 한계가 있음을 인정하고 받아들여야 했다.

아이가 잘 때 쉬라는 말을 뒷전으로 하고 한동안 집 안에 있는 물건부터 정리했다. 창고로 전락한 베란다 정리가 끝나니 답답한 게 한결 나아졌다. 설거지, 빨래 등 여전히 해야만 하는 집안일은 있지만 물건이 줄자 금방 끝났고, 집정리 역시 대충해도 봐줄 만했다. 그제야 내가 감당할 수 있는 물건의 총량이 있다는 사실을 깨달았다.

'비움'에 점차 속도가 붙었다. 물건뿐 아니라 시간도 간결하게 쓰고 싶었다. 꼭 필요한지 고려해서 육아용품을 사기로 마음먹었다면, 굳이 인터넷쇼핑몰을 이곳저곳 돌아다니며 최저가를 비교하진 않았다. 회원 가입을 새로 하거나 할인혜택을 일일이 따지는 등 쇼핑에 에너지를 들이는 일은 지양했다.

소셜미디어와도 잠시 이별했다. 활자중독증 소릴 들을 만큼 책을 좋아했지만, 책장도 정리했다. 소장하고 싶은 책, 어쩌다 사게 된 책 등을 분류하며(방 하나를 가득 채우던 큰 책장을 내보내고 작은 4단 책장만 남았다) 내 삶에서 진짜 중요한 것에만 집중하리라 마음먹었다.

너무 버거울 땐 아이돌보미도 요청하고, 종종 이유식을 배달받아 먹이기도 했다. 마음이 불편해지는 육아서는 멀리했다. 아이와 엄마를 대하는 주변의 간섭과 관심 사이에서 예민함을 덜고 평정심을 유지하려고 했다.

나를 힘들게 하는 것들을 버리고 비우니, 내가 채우고 싶던 것들을 할 여유가 생겼다. 칼럼을 조금씩 쓰고, 필사를 다시 시작하고, 홈트(홈트레이닝)로나마 운동도 했다. 체력이 다시 돌아오니, 좀 살 것 같았다. '살림'에서 힘을 빼는 날이면 남은 품을 모아 아이와 깜짝 여행도 떠났다. 동네 시티투어버스를 타고 역사문화해설을 듣고, KTX를 타고 강릉에 가서 아이에게 바다내음을 선물하기도 했다.

엄마의 길을 각자 걷는다

나만의 미니멀 육아를 이렇게 정의하고 싶다. 엄마 에너지 총량 컨트롤 하기(각자의 분야에서 '미니멀'할 부분을 선택·집중할 것). 《극한육아 상담소》라는 책에서도 엄마의 에너지를 강조한다.

> "또래엄마나 선배엄마를 페이스 메이커 삼아도 좋고, 내 안에서 페이스 조절 방법을 찾아도 좋아요. 그 페이스는 다른 사람이 정해줄 수가 없어요. 내 안의 에너지는 오직 나만이 알 수 있으니까요. 에너지를 어떻게 정비할지, 어떻게 효율적으로 운용할지는 스스로 정해야 합니다. 엄마 자격은 다른 사람이 주는 게 아니에요. 스스로 엄마 자격을 부여해보세요."[1]

누군가는 내 나름의 미니멀 육아를 '게으름 육아' '귀차니즘 육아'라고 할지도 모른다. 엄마인 내가 조금이라도 편하게 살려고, 멋대로 만든 삶의 방식으로 볼 수도 있다. 하지만 엄마로 버텨내려고, 견뎌내려고 찾은 삶의 방법이란 걸 말해주고 싶다.

이 책은 나만의 미니멀 육아를 바탕에 두고 초보 엄마의 머릿속에 있던 여러 가지 생각을 '주워 담기'한 것이다. 병원 가기, 수유하기, 식사하기, 잠자기 등 엄마로서 기본적으로 보내는 '시간'. 아이가 갖고 노는 장난감, 엄마를 괴롭히는 미세먼지와 주변의 관심과 간섭과 같은 '일상', 그리고 노키즈존, 죽음 등 사회 문제, 철학적 주제까지 다루었다. 모두 엄마의 삶과 가장 가까이 있는 문제라고 본다. 가족, 지역, 공동체, 소비, 양육, 꿈… 이런 주제를 두고 깊이 생각하며 보낸 시간들이 나를 더 단단

하고 단순하게 만들어 주었다.

　수많은 육아서를 읽고 엄마들을 만나며 내린 결론은 이랬다. 저마다 다른 삶이 있을 뿐 틀린 삶은 없다고. 엄마로서의 삶 역시 정답이 없다고. 누구나 자신만의 길을 걷듯 우리는 엄마의 길을 각자 걸어가는 거라고.

　이 책 역시 그렇다. 한 엄마의 지극히 주관적인 생각이다. 그래서 공감하고 끄덕거리는 부분이나 아니라고 반박하며 잘못됐다고 충돌하는 부분이 저마다 다를 것이다. 내 작은 바람은 하나. 엄마들이 자기 삶을 돌아보고 일상을 들여다보며 내면을 구축할 때 덜어내야 할 것들은 잘 가려서 덜어내며 삶의 균형을 맞춰갔으면 좋겠다.

아이와 살아가는 법… 엄마의 '일상'

못 해줘서 미안해?… 엄마의 '소비'

경력단절 여성이라니… 엄마의 '시선'

오늘도
서서
출근합니다
...

엄마의
'시간'

불편한 산부인과,
의사다운 의사 찾기

병 원

여성 의사도 가기 어려운 곳, 산부인과

병원이 싫었다. 특유의 약제 냄새, 딱딱한 대기실 의자, 엄숙한 분위기…. 둘러댄 이유가 참 군색하지만 어쨌든 난 어릴 때부터 병원이 꺼져가는 목숨 살리는 신성한 곳으로 생각되지 않았다. 그런데도 필요에 따라 가야 한다는 게 아이러니했다.

임신하면서 그제야 깨달았다. 엄마는 병원이랑 친해져야 한다는 걸. 등지고 있어선 안 된다는 걸. 임신 여부를 확인하려면 병원부터 가야 했다. 임신테스트기에 나타난 또렷한 두 줄만으로 임신을 장담할 수 없었다. 부들부들 떨리는 손을 진정하고 진료를 받았다. "엄마 축하해요. 임신이네요. 벌써 이렇게 아기집을 '뚝딱' 만들어 놓고 있었네요."

처음이었다. 병원에서 느낀 따뜻함. 의사는 초음파 사진을 하나하나 잘라주며 마치 자기 일인 것처럼 축복해줬다. 사진은 뿌연 검은색으로

육아가 유난히 고된 어느 날

가득했다. 산모수첩을 손에 꽉 쥐었다. 당최 무엇이 아기집인지 잘 모르 겠지만 마음이 한결 놓였다.

나만 그런 게 아니었다. 병원이 불편한 여성들은 생각 외로 많은 모양 이다. 몇 년 전 한국여성민우회는 산부인과 진료 경험이 있는 여성 천여 명을 대상으로 산부인과 이용 실태에 대해 설문조사를 했다.[2] '산부인과 하면 떠오르는 이미지가 있나요?'라는 주관식 질문에서 응답자의 상당 수는 다음 단어를 적었다. '굴욕' '불쾌' '민망' '수치심' '차가움'. 모두 부 정적인 시선이 담겨있다. '산부인과에 대한 거부감'도 64.3%나 있었다. 거부감이 드는 이유에는 '진료에 대한 두려움'(56.3%)이 가장 많았다. 혹 시 걸렸을지 모르는 병을 걱정하기에 앞서 진료 자체가 더 두렵다는 얘 기다.

《마이 시크릿 닥터》의 저자 리사 랭킨은 자신도 산부인과 의사지만 다른 산부인과 의사에게 진찰을 받으러 가면 쑥스럽다고 말했다. 낯 뜨 거운 부위에 닿는 차가운 금속 기구들도 솔직히 싫고, 산부인과 의사 앞 에서 벗는 것은 남프랑스 해변에 알몸으로 누워 햇볕을 쬐는 것과는 다 르다고 인정했다.[3]

공감한다. 진료는 의사와의 일대일 만남이다. 내 몸 상태를 두고 객관 적으로, 합법적으로 대화를 나누는 시간이다. 병원은 이 행위가 일어나 는 중요한 장소인 셈이다. 그런데 그동안은 그게 잘 안 됐던 것이다.

언젠가 친정엄마는 어느 내과에 갔다가 의사에게 대뜸 이런 말을 들 었다고 한다. "엄마, 지금 제가 묻는 말에만 대답하세요! 개인적인 질문은 하지 말고, 제 말만 들으세요." 그 의사는 서로 소통하는 '쌍방향'의 대화 를 애초에 가로막은 게다. 환자를 가르치려고 하는 한 방향의 대화, 생각만 해도 불편하다. 엄마 역시 그 이후 그 병원 건물은 쳐다보지도 않았다고. 고로 나는 임신 사실을 알고 산부인과를 선택할 때 '상대의 마음을 헤아려 줄 의사가 있는 곳'을 일 순위로 매겼다. 의사의 의료행위 역시 '밥벌이'를 위한 일이지만, 의사라면 그 전에 가슴 속에 뜨끈뜨끈한 심장이 팔딱팔딱 뛰고 있어야 한다고 생각했다. 또 그런 의사를 만나야 초음파검사, 혈액검사, 내진 등 10개월의 여정을 편하게 보낼 수 있다고 믿었다.

다행히 운이 좋았다. 임신 기간에 다닌 첫 번째 병원, 담당 산부인과 의사(나와 개인적으로 친분이 전혀 없었다)는 여러 개의 질문을 포스트잇에 빼곡히 적어 물어봐도, 귀찮은 내색 없이 하나하나 설명해줬다. 신랑이 다른 지역으로 발령을 받으면서 잠시 병원을 옮겨야 할 때도, 이사 가는 주변에 자신의 대학 후배가 병원을 운영하고 있다며 그 병원과 연결해주었다.

나에게 맞는 병원 '미리 찾아보기'

'좋은 대학을 나와 전문의 자격증을 가진 의사'가 아닌 '좋은 의사' 이야기를 하다 보니 생각나는 분이 있다.

몇 년 전 취재차 만난 건국대병원 소아청소년과 김민희 교수다. 몸무게가 500g도 안 되는 초미숙아 전문의인 그는 매달, 수술 일정이 없는 날에는 미숙아 가정을 방문하고 미숙아를 낳은 부모들의 육아일기를 직접 스크랩하여 신생아 중환자실 휴게실에 비치하는 노력을 기울인다. 이유는 하나. 서로의 아픔을 공유하며 힘내라고. 내게 보여준 휴대폰에는 미숙아들과 찍은 사진이 가득했다. 심지어 아이 이름까지 기억하고 있었다.

육아가 유난히 고된 어느 날

또 그는 시청, 구청장 등을 찾아가 미숙아 관련 프로그램을 만들도록 제안하기까지 했다. 면박당하기 일쑤였지만, 끝내 서초구청과 함께 미숙아 육아 프로그램을 지원하고 육아 정보를 제공하는 자조모임을 만들었다. 이렇게 지극정성인 의사는 드물지만, 이것만은 믿는다. 환자의 인격과 환자의 생명, 환자의 시간을 존중하는 병원은 입소문이 나기 마련이고, 환자들이 먼저 알아본다고.

엄마들과 이야기하다 보면, 병원에서 일어난 여러 일로 불편했던 속내를 털어놓는 경우가 있다. 사연도 다양하다. 엄마가 위급상황이라고 느낄 때 의료진이 보이는 반응과 태도, 대처 방법까지. 기대했던 것과 다른 케이스는 수없이 많았다.

나 역시 순산하고 싶어서 산부인과를 꽤 들락거렸다. 운이 좋아 좋은 의사를 만났지만, 엄마가 되기 전에 일찌감치 나에게 맞는 산부인과를 찾아다녔더라면 보험을 든 것처럼 더 든든했을 것이다.

그래서 출산을 준비하는 지인들을 만나면 당부한다. 임신, 출산과 관련이 깊은 여성 질환 검진을 위해 산부인과와 친하게 지내려고 노력해보라고. 그럴싸한 외관의 건물만 찾아 들어갈 게 아니라 진짜 의사다운 의사를 찾아내겠다는 마음으로 말이다. 아메리카노 한 잔을 사서 건네기도 하고, 남들에게 말하지 못한 고민을 털어놓기도 하면서. 불안, 무서움, 두려움도 좋은 의사를 만난다면 떨쳐버릴 수 있다고 믿는다.

잠시 눈을 감고 상상해봤다. 영국의 부조리한 현실을 고발하고 모두가 잘 사는 행복한 나라를 꿈꿨던 토머스 모어의 '유토피아'. 내가 꿈꾸는 유토피아 병원은 과연 어떤 곳일까.

나는 임신한 여성마다 급한 궁금증이 생기면 (주말, 공휴일지라도) 신속하게 상담이 가능한 채널을 상상해본다. 아이가 위급상황일 때면 자연스레 '엄마'를 외치듯, '엄마' 역시 그런 '엄마품' 같은 곳이 생긴다면…. 불가능하다고?

지역별 변호사를 검색하면 무료로 법률상담을 받을 수 있는 '마을변호사'라는 행정서비스가 있듯(2014년부터 전국 모든 읍·면 지역으로 확대돼 시행 중. 지역 주민이면 경제적·지리적 여건과 관계없이 누구라도 법의 도움을 받을 수 있는 제도), '마을의사'라고 안 생길 것도 없지.

육아가 유난히 고된 어느 날

'임신은 벼슬입니다',
오늘도 서서 출근합니까?

임 신

삐뽀삐뽀 임신은 특수상황

임신 6개월 무렵이었다. 하루는 단골로 드나들던 편의점 주인이 궁금하
다는 듯이 물었다. "그거 달고 다니면 뭐 좀 달라져요?" 그녀가 '그거'라
지칭하며 가리킨 건 내 손가방에 달린 '임산부 배지'. 나는 한 치의 망설
임 없이 대답했다. "아뇨, 자리 양보까지는 바라지 않아요. 밀치지만 않
으면 좋겠어요. 이제는 일종의 항의 표시로 달고 다녀요." 집에 와 생각
해보니 그렇게 말할 수밖에 없었나 싶어 시쳇말로 웃펐다. 임신 초기 때
노약자석에 앉았다가 한 할아버지에게 여길 왜 앉느냐며 뭇매를 맞았던
기억이 나서다.

 '임산부 먼저'라는 문구가 적힌 핑크색 배지는 초기 임산부는 겉으로
볼 때 임신했는지 알아보기 어렵다는 점에서 착안해, 보건소에서 보급
하기 시작했다. 대중교통을 이용하거나 공공장소에서 배지를 단 임산부

를 목격하면 양보하고 배려하자는 '운동'인 셈이다. 그런데 나뿐만 아니라 대다수 임산부가 배지를 달았음에도 불구하고, 겉으로 배가 확연히 나왔음에도 불구하고, 양보받는 일이 드물다고 말한다(2014년 인구보건복지협회에서 임산부 2천4백 명을 대상으로 조사한 결과, 대중교통 이용 시 배려를 받았다는 응답자는 절반에 불과했다).⁴ 배지와 별개로 만들어진 게 임산부 배려석 '핑크카펫'이다. 역시나 그 자리에 임산부가 앉아 있는 모습을 보기가 어렵다.

여성을 향한 인식이 지금과는 달랐던 시절에는 "임신이 벼슬이냐"는 말이 예사로 쓰였다. 심지어 지금도 그런 말을 하는 사람이 있으니, 임산부 입장에서는 눈물 나게 서럽다. 임산부라는 이유로 무조건 양보를 받아야 한다는 논리는 아니지만, '배려받아야 할 존재'인 건 분명한데…. 씁쓸하다. 호르몬 변화 때문일까. 급기야 '배지를 달아도 아무 효과가 없는데 이런 여성 정책이 과연 필요할까?'라는 의구심마저 들었다.

임신하는 순간 여자는 모든 것이 달라진다. '나'에서 '엄마'가 되고 내 안의 다른 생명체가 나를 조종한다. 입덧을 하고 몸이 통통 부풀어 오르고 보기 싫을 정도로 살이 트기도 한다. 내 의지와 상관없이 내 몸은 자동으로 변해간다. 아기가 잘못될까 봐 잠자리마저 뒤척이며 조심한다. 그러다 보니 '내'가 '내가 아닌' 기분에 휩싸일 때가 많다. 아이를 낳은 지금도 그 시절을 떠올리면, 차라리 낳고 난 게 몸은 홀가분하다. 그만큼 임신은 내게도 '특수상황'이었다. 임신을 대신 해주지는 못하더라도 조금은 '헤아려줬으면' 하는 마음이 굴뚝인 이유다.

역지사지, 헤아리는 이들

하루 평균 승객 30만 명, 경기도와 서울 남부지역을 연결하는 교통의 요충지, 주요 환승 거점 정류장이라는 사당역을 취재한 적이 있다. '해피 우먼 스테이션(Happy Woman Station)'이라는 슬로건 아래, 여성을 위한 '여성 테마역'으로 탈바꿈했다고 해서 가 봤는데 꽤 그럴듯하게 꾸며져 있었다. 갑자기 몸이 아픈 여성, 임신한 여성이 쉬었다 가는 공간인 '해피 우먼룸'에는 잠시 눈을 붙일 수 있는 침대를 비롯해 전자레인지, 응급 처치 약 등을 갖춰 두었고, 4호선 중앙계단 역무실 내에는 '유아 수유실'도 있었다.

사실 내가 감동한 지점은 '공간'보다 공간을 꾸미려고 한 역장님의 '마음'이었다. 전시행정에 그치지 않길 원했다는 역장님께 이것저것 질문하다가 예산이 빠듯해서 유아 수유실에 필요한 침대 시트를 아내와 함께 동대문 시장에서 구입했다는 이야기를 들었다. 일하는 남편 때문에 실질적으로 육아를 책임졌을 아내분은 남편과 함께 시트를 고르며 투덕거렸던 옛날 생각이 났으리라. 말은 안 해도 역장님은 임신부터 출산, 육아까지 감당해야 할 엄마의 무게를 헤아리는 듯했다.

한 다큐멘터리 프로그램에서 임산부 처지를 이해하기 위한 '남성들의 임신 도전기'를 방영한 적이 있다. 남성들이 6~10kg의 임신 체험복을 입고 출퇴근하기를 비롯해 육아·설거지·청소·운동·수면까지 모든 활동을 하는데, 다들 혀를 내둘렀다. 임신체험에 도전한 염태영 수원시장은 부른 배를 감싸 안고 시청으로 가는 버스에 올라타기도 했다. 출근 시간대라서 버스는 사람들로 가득했다. 임산부 배려석은 단 한 자리, 그마저도 임산부가 아닌 다른 사람이 앉아 있었다. 그는 촬영 후 "무거운 임신복을 입고 며칠 생활해보니 우리 사회가 임산부들을 얼마나 불편하게 했는지 깨닫게 됐다"고 말했다. 그가 몸으로 배워 깨닫고 고백한 '임산부 공감'에 나는 묵은 변이 내려간 듯 속이 편해졌다.

언젠가 페이스북 이용자가 기발한 아이디어를 올려 화제가 됐다. 내용인즉 '나는 임산부에게 자리를 양보하겠습니다'라는 문구가 적힌 배지를 제작해 지하철역에서 무료로 나눠주는 캠페인을 하자는 의견이었다. 이 글은 게시된 지 8시간 만에 만 명이 넘는 사람들이 '좋아요'를 눌렀고 1,600회 넘게 공유됐다.[5] 네티즌들은 임산부가 부담 없이 용기 내어 자리를 양보받을 수 있지 않을까 기대했다. 아마 '좋아요'를 누른 엄마들은 상대방의 입장을 고려하는 마음! 이것만으로도 감사했을 게다. 더운 날씨에 비지땀을 흘리면서 온종일 임산부 체험복을 입고 임산부의 현실적 고충을 경험해보지는 못하더라도. 더 많은 임산부가 10개월 동안 배려받으며 살았으면 한다.

"임신 벼슬 맞습니다! 유세 좀 떨어 봅시다, 우리." 조심스레 외쳐본다.

육아가 유난히 고된 어느 날

'다른 엄마'가 하는 태교,
'엄마'가 하고 싶은 태교

태교

넘쳐나는 태교 방법, 머리가 아프다

임신 소식을 가족과 지인들에게 전하고, 요양(먹고 자고 놀고, 집이 요양원으로 전락했다)에 돌입할 무렵 집에 놀러 온 친구가 물었다. "너는 태교 어떻게 해?" 그때 난 '임신 초기'라는 핑계를 들먹이며 별다른 태교는 안 하고 있다고 했다. "야. 나랑 친한 언니는 태교한답시고 '수학의 정석' 풀잖아. 본인이 학창시절에 수학 못 했다고 아이는 그렇게 키울 수 없다나? 벌써 자기 아이는 서울대 보낼 거라고 난리야." "헐…" 한동안 나는 말을 잇지 못했다. 친구가 돌아간 후에도 생각에 잠겼다. '어떻게 태교하지?'가 아니라 '우리 아이, 어떻게 키우지?'에 대해.

이따금 내 육아관에 대해 고민한 적이 있었지만 '엄마옷'을 입고 정의 내리려니 심각해졌다. 머리가 복잡해지니 안 되겠다 싶어 처음엔 손으로 뭔가를 만드는 태교에만 집중했다. 바느질하기, 클레이 점토 만들기, 미니퍼즐 맞추기 등. 우습게도 나란 여자, 손재주는 없지만, 결과물을 보며 혼자 뿌듯해하고, 물개박수 치며 웃고 있더라. 그때 깨달았다. 아이가 순수하게 좋아하는 걸, 응원해주는 엄마가 되겠다고. 더불어 이런 엄마는 경계하자 마음먹고, 나만의 철칙도 세웠다(철칙은 철칙일 뿐일 수 있으나).

- 엄마의 마음이나 기준, 욕망을 아이에게 투사하는 짓 경계하기
- 아이의 삶을 절대 내 계획 속에 가두는 폭력을 저지르지 않기
- 내 욕구를 아이의 욕구라고 오인하는 짓은 하지 않기
- 그래놓고 '자기희생'이라는 합리화에 빠져 살지 않기

해서 태교 역시 내가 자연스럽게 끌리는 걸로 하자고 마음먹었다. 태아의 두뇌 학습을 돕겠다고 학창시절에도 포기한 수학 문제를 풀다간 낳기도 전에 에너지를 소진해 버릴 것 같았다. 태교는 정말이지 광범위했다. 선택은 자유지만 몇몇 태교 방법은 보고 있노라면 꼭 성적이라도 매기는 듯이 찝찝했다. 뱃속 아기를 위한 처음 교육이라고, 태교는 과학이나 마찬가지라는 광고를 보면 뱃속부터 명문대를 보내야 한다는 목적으로 태교를 하라고 강요하는 듯했다. 엄마들 심리를 겨냥한 태교 관련 상품을 만날 때면, 진정한 태교가 무엇일까 곱씹게 됐다. 태교의 본질은 무엇인지 스스로에게 질문했다. 꼭 돈을 들여 그걸 사서 써야만 똑똑하고 남다른 아이가 태어날까. 뱃속에서부터 남다른 아이로 태어나는 걸 기대해야 할까.

육아가 유난히 고된 어느 날

내 마음을 일깨운 태교, 필사

필사 태교는 내 마음이 끌려서 시작한 태교였다. 때마침 필사 모임이 결성됐다. 방법도 간단했다. 30~50대 엄마 10여 명이 모여 하루에 한 장, 필사해서 인증샷을 찍어 SNS에 올리는 식으로 진행했다. 필사는 글씨를 베껴 쓰는 행위를 넘어 작가의 생각과 내 생각을 일치시키고 이를 바탕으로 내면을 발전시키는 데 의미가 있다. 한 자 한 자 써 내려가는 동안 생각의 속도를 늦춤으로써 깊이를 더한다.

나는 필사하기 전에 낭독하고, 되새기고 싶거나 베끼고 싶은 글을 적었다. 글은 대개 육아서나 육아 칼럼 위주로 선택했다. 중기를 넘어 막달까지 필사를 계속했는데, 아이가 꼬물꼬물 움직이는 태동을 온몸으로 느끼며 하는 필사의 맛은 그때 아니면 못 먹는, 제철 과일의 맛이었다.

'100일 필사' 모임 구성원들도 큰 힘이 됐다. 가끔 임신 주수별로 생기는 의문점을 물으면, 본인의 경험과 사례를 들어 생생한 조언과 충고를 아끼지 않았다. 오프라인으로 만나서 분위기 좋은 한옥 카페에 모여 앉아 필사하던 마지막 날, 뜻밖의 선물을 받았다. 본인 노트에 필사하기도 바빴을 분들이 돌아가며 생텍쥐페리의 '어린왕자'를 필사해 준 것이다. 저마다 다른 글씨체로 완성된 책은 나에게 큰 자산이 됐다. 지금도 이따금 아이가 잘 때 필사책 한 구절을 읽어주곤 한다.

"스승이 10년 가르치는 것보다 어미가 배 속에서 10개월 기르는 게 더 낫다." 1800년(정조 24년) 사주당 이씨(1739~1821)는 《태교신기》에서 태교의 중요성을 설파했다. 1434년(세종 36년) 노중례는 《태산요록》에서 "임신 3개월이 되면 형상의 변화가 시작되고 느낌에 따라 감응을 일으키게

필사

모임원들이

돌아가며

써서

완성된

어린왕자.

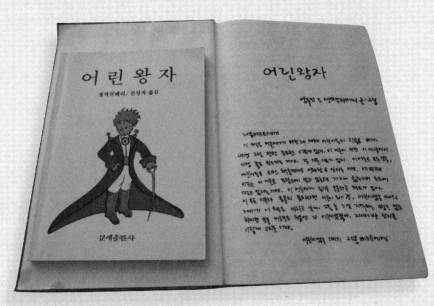

되어 태아가 어머니의 소리를 듣고 반응한다"고 말했다.⁶ 예나 지금이나 태교를 중요하게 여긴 것이다.

태교는 어떻게 해야 할까? '평소대로 자신이 좋아하는 것을, 기분 좋게 접하고 즐기면서 스트레스를 받지 않도록 생활하기'가 최선이라는 게 내 지론이다. 태교를 한다고 고가의 외국 여행을 다니고 먹기 힘든 귀한 음식을 먹더라도 그 과정에서 가족이나 주변 사람들과 옥신각신하면 소용없다.

피츠버그 대학에서 '인간의 지능이 결정되는 데는 유전적인 요소보다 자궁 내 환경이 더 큰 영향을 미친다'는 연구결과를 내놓은 적이 있다. 이 대학 연구진은 태아의 지능지수를 높이는 자궁 내 환경의 세 가지 요소로 '충분한 영양 공급, 유해물질 차단, 편안한 마음'을 꼽았다.

나는 생각한다. 뱃속 아기를 아끼고 소중히 여기는 엄마는 임신한 순간부터 이미 태교를 하고 있는 거라고. 임신부가 편안하고 행복한 상태인 것도 태교라고. 그러니 태교 방법만큼은 강요할 필요가 없다고. 방법론에 치중하기보다 마음 편안히 지낼 자신만의 방법을 찾으면 그게 태교라고. 그런 점에서 나의 '필사 태교'는 돈 한 푼 안 드는 후회 없는 선택이었다.

조리원에서 써 내려간 후기,
미리 쓰는 출산 후기

출산

다시 꺼내 본 생생한 출산현장

2016년 가을, 3.28kg의 작디작은 생명체가 태어났다. 내 몸속에서. 그리고 내 삶에 침투해버렸다. 아니, 흡수됐다. 이소영의 자녀, 김씨 일가의 아들이라는 이름표를 달고. 아, 얼마나 역사적인 일인가. 다음은 조리원에서 쓴 출산 후기다.

추석 연휴! 남들은 송편이다 전이다 명절 음식을 먹을 때 나는 '최후의 만찬'을 즐겼다. 산부인과 근처 고깃집에서. 이슬(자궁으로 이어지는 골반 통로를 막고 있던 점액. 옅은 갈색이나 핑크색 혹은 핏빛을 띤다)을 동반한 가진통이 계속되었으나 자궁 입구가 2cm밖에 열리지 않아 입원하기는 모호한 상황이었다.

"고기를 먹어야겠어, 당장! 오늘 밤에 태어날지도 모르잖아?" 이따금 찾아오는 진통에 배를 꽉 부여잡으면서도 꾸역꾸역 먹겠다는 날 보며

육아가 유난히 고된 어느 날

신랑은 이렇게 말했다. "자기는 정말 대~단한 여자야. 나중에 대튼이(아이의 태명)한테 다 말해야겠어."

그 고기는 임신 중 섭취한 마지막 고기가 되어버렸다. (이럴 줄 알았으면, 4인분 시킬걸) 그날 새벽, 생리통처럼 쥐어짜는 진통과 다량의 이슬이 쏟아졌다. 부랴부랴 병원에 달려갔다. 새벽 내내 통증이 들쑥날쑥하다 자궁 입구가 웬만큼 열려 입원 수속을 밟았다. 흔히들 '굴욕 3종 세트'라고 하는 관장, 제모는 굴욕으로 다가오지 않았다. 병원 침대에 누워 통증을 견디기도 벅차서. 관장과 제모는 아무것도 아니었다. 산통은 상상 이상이었다. 침대 양쪽 손잡이를 잡고 손을 부르르 떨기, 머리를 이리 흔들었다 저리 흔들었다 비틀기, 입술 꽉 물기 등 온갖 방법으로 견뎠다. 통증의 강도를 묻는다면, 생리통의 100배쯤? 나에겐 통증이 배보다 허리로 고스란히 왔는데, 두 다리가 아닌 허리를 묶고 그 틈에 주릿대를 끼워 비트는 느낌이었다.

가족분만실에 함께 있던 남편은 고통으로 울부짖는 나를 보며 "우리 소영이 고통 덜 느끼게 해주세요"라고 기도하고 "자기야 조금만 참아. 조리원에 있는 뷔페 음식을 생각해"라고 꼬드기다가 마지막엔 애원했다. "내가 이제부터 정말 잘할게." 지금 생각해보면 멘트는 우스웠어도 옆에서 끊임없는 지지와 응원을 보낸 남편이 많은 도움이 됐던 것 같다.

다행히 이 고통은 이른바 무통주사로 불리는 '통증자가조절법(PCA)' 시술 후 사라졌다. 무통발이 떨어지면 다시 맞고, 또 맞고. (이것도 타이밍이 잘 맞아 가능했다) 주사를 맞으면 허리가 싸해지면서 하반신 쪽 감각이 사라졌다. 이때 나는 두 시간 넘게 잠을 자기까지 했다. 여유가 생긴 게다. 간호사들은 한두 시간 간격으로 들어와 태아가 통과할 자궁문이 얼마나 열렸나 꾸준히 확인했고, 입원한 지 6시간 만에 10cm가 가까워졌다. 아이가 많이 내려와서 머리가 어느 정도 보인다는 말이었다.

의사가 들어오고 넓적다리를 벌린 후 힘주기에 돌입했다. 얼굴이 아닌 하체에 힘이 가야 하는데 쉽지 않았다. 몇 년 묵은 변이 꽉 막힌 느낌이 반복됐다. 도저히 못 하겠다 싶을 즈음 의사가 독려했다. "자 거의 다 나왔습니다."

누군가 말했다. 수박이 아래에 낀 느낌이 들면, 그 수박이 아기 얼굴이라고. 모성애가 발휘되었는지, 아이가 끼어 있으면 안 된다는 생각에 전날 먹은 고기 힘까지 끌어모았다. '응애 응애' 아이 울음소리가 들렸다. 뭔가 쫙 빠져나가는 느낌이 들었다.

정신을 차리자 내 젖꼭지를 물려고 하는 아이가 보였다. 본능적으로 입을 내미는 모습이 신기했다. 얼떨떨한 나와는 달리 남편은 폭풍 눈물을 흘렸다. 나는 눈치 없게 "왜 울었어? 응?" 하고 물으며 우는 남편을 귀엽단 눈빛으로 쳐다봤다. 입원한 지 7시간 만에 나름 순산(무통발)한 터라 입원실에 가선 날아다닐 줄 알았다. 오산이었다. 출산 이후 3시간 내에 소변을 못 봐서 요도에 삽입한 관으로 소변을 배출해야 했고, 허리와 어깨에 근육 통증이 와서 울며 진통제를 맞았다. 산후 복대와 허리찜질팩을 껴안고 살았다.

후폭풍은 계속됐다. 회음부 절개한 곳이 아파서 진료를 받았더니만 질염, 방광염에 걸려있었다. 난생처음 경험한 출산이라는 큰 변화를 몸이 감당하기 힘들었나 보다. 조리원에 있는 분들도 저마다 고통을 토로했다. "나는 골반이 아파." "수술한 부위가 욱신거려."

'임신한 여성은 무덤에 한쪽 발을 걸치고 있다.' 아프리카 차드공화

출산 후

찍은

아이 사진.

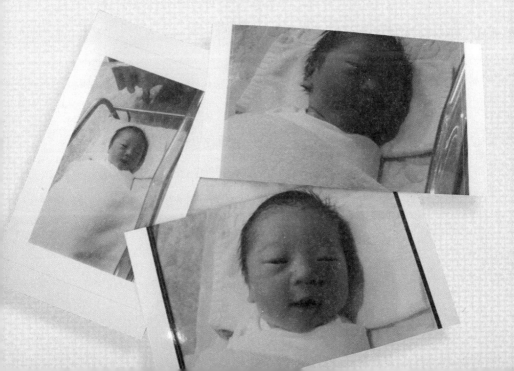

국 속담이 절로 떠올랐다. 아이를 잉태하고 출산하는 산모가 겪는 아픔은 상상을 초월하고 목숨까지 담보하는 위험천만한 일이었다. 30여 년 전, 자신의 생명을 걸고 4.3kg 우량아인 날 낳은 엄마가 대단해 보였다. (엄마는 나를 낳을 당시 이 아이도 이렇게 또 힘든 일을 겪겠지 싶어 안타까웠단다) 물론 내 품에서 새근새근 자는 아이는 사랑스러웠다. 이렇게 예쁜 아이가 내 배 속에 있었다는 사실이 믿기지 않을 만큼.

출산으로 얻은 거? 근자감!

여기까지가 출산 후기다. 우습게도 벌써 꽤 오래전 일처럼 느껴진다. 출산을 준비하는 시간, 출산, 출산 후 안정을 취하기까지 시간이 흘렀다는 방증이다. 지금의 나는? 이 어마무시한 경험으로 근거 있는 자신감이 생겼다. 출산을 앞두고서는 두려움과 겪어보지 못한 산고, 격동적인 감정 변화가 무섭게 다가왔는데 낳고 나니 후련하고, 무엇보다도 긴장되는 일 (운전연수 중)이 생기면 "나 애도 낳은 여자야!"라고 혼자 외치고 있는 나를 보게 됐다. 오장육부가 뒤틀리는 고통 속에 성장하고, 고통이 지난 후에는 행복을 얻었다.

출산 전에는 뱀의 유혹에 빠져 선악과를 따먹은 죄로 출산의 짐을 지게 한 창세기 설화 속 이브가 원망스러웠다. 그만큼 부담스러웠다. '산고의 시간'을 넘기고 나니 '출산은 어둡고 두려운 것'이라는 검은 장막이 사라졌다. 돌이켜보면 출산을 닥치는 대로 순간순간 수동적으로 맞이하지 않았나 싶다. 처음 겪는 일이니까 그렇지만 아쉬움도 남는다. 나는 감히 도전하지 못했지만, 자연 출산을 한 지인은 '출산계획표'를 머릿속에

육아가 유난히 고된 어느 날

그랬을 뿐만 아니라 심지어 좋아하는 노래를 미리 선곡해서 틀기까지
했다고 웃으며 말했다. 상상한 대로 바라는 대로 모든 상황이 흘러가진
않지만, 적어도 무탈하게 흘러간다고 꿈꾸니 두려움이 덜했다고 한다.

《생애 첫 1시간이 인간의 모든 것을 결정한다》의 저자인 산부인과 전
문의 이교원 교수는 말했다. 아이를 얻는 데는 큰 고통이 따르지만 그만
큼 큰 기쁨과 희열을 얻기 위한 대단히 중요한 통과의례라고. 따라서 산
고의 의미는 단순하지 않다고.[7] 그녀가 말한 '산고의 시간'은 아이를 갖
고 태내에서 기르고, 낳는 시간을 뜻한다. 우여곡절 끝에 이 시간을 넘기
면 등산한 후 산꼭대기에서 편하게 산 아래를 굽어보듯이 여성 스스로
만족과 성취감을 느낀다. 절대 쉽지 않은 산을 올랐지만 지금 생각해도
'산고의 시간'은 값졌다.

만약에 언젠가 둘째가 찾아온다면 이런 것들을 좀 더 생각해 실천하
려고 한다.

- 내가 꿈꾸는 출산
- 출산 중 기억해야 할 내용(호흡, 마음가짐)
- 의료진에게 부탁의 한 마디
- 출산을 옆에서 도와줄 이에게 한 마디
- 아기를 만나면 하고 싶은 이야기

그림이나 글로 표현하고 코팅해서 가방에 넣고 다녀야지. 진통이 오
면 의사에게 보여주리라(그럴 정신이 없다는 게 함정일 수도 있지만).

'분유 수유' 유감?
아이가 잘 먹는다면…

수유

조리원에서 느낀 죄책감

산후조리원 분위기는 흡사 훈련소 같았다. 모두 '모유 수유'라는 하나의
목표를 위해 모인 사람들 같았다. 어미의 젖인 모유(母乳)를 먹이고 또
먹이려고 애쓰는 엄마가 그만큼 많았다.

　출산 후기에 언급했듯 나는 산후 질병 치레로 고생을 꽤 많이 한 엄
마다. 그나마 한 건물 안에 병원과 조리원이 있는 게 위안이 될 정도였
으니. 수시로 병원 진료를 받고 병원에서 주는 약을 먹었다. 모유 먹이
는 덴 지장 없는 약이라고 했지만 불안했다. 과연 내 모유는 질이 좋을
까 하고. 유축기의 도움 없이 직접 수유하는 엄마들을 보면, 나만 시대
를 역행하는 데다 엄마로서 참 무능하다는 생각이 들었다.

　엎친 데 덮친 격으로, 조리원을 나오고선 치아가 말썽이었다. 일주
일간 항생제를 먹느라 혼합 수유마저 내려놓으면서 한동안 분유를 먹

였더니 아이는 나중에 모유를 피했다. 나 역시 젖이 잘 돌지 않았다. 의도치 않았는데 모든 상황이 그렇게 흘러갔다. 빈 젖을 물더니 울고불고 난리 치는 아이에게 대안은 하나였다. 분유. 엄마 마음을 아는지 모르는지, 아이는 모유보다 분유를 꿀떡꿀떡 잘 먹었다. 살이 올라 토실토실해졌다. 감사했다. 분유 제조업체에.

모유를 먹일 수 없다면 분유를 공부하리라! 아기가 먹는 분유의 뿌리는 전투식량이었다는 사실을 알아냈다. 윤덕노 음식문화평론가에 따르면, 마르코 폴로가 쓴 동방견문록에는 분유로 추정되는 식품이 등장한다.[8] 몽골 기병대는 커다란 솥에 우유를 넣고 끓이며 생기는 유지방을 걷어내 버터로 만들었다. 우유가 굳지 않도록 유지방을 제거하고 나면, 남은 우유를 밀가루처럼 반죽으로 만들어 햇빛에 말렸다. 이 우유 반죽이 분유에 가깝다는 얘기다. 놀라웠다. '인간의 역사가 곧 전쟁의 역사'라는 명제가 분유에도 적용된다니. 지금은 '분유'로 불리는 그 시절의 '굳은 우유'가 전투 중 고단함을 조금이나마 씻어줬으리라. 예나 지금이나 참 효자다.

분유 수유를 했다는 엄마가 내게 그런 말을 했다. 모유 수유에 성공할 수 있다는 책만 봐도, 방송에서 모유를 극찬하기만 해도 은근슬쩍 죄책감이 들었다고. 한동안 나도 그런 마음을 지울 수 없었다. 모유 수유는 장점이 참 많지 않은가. 산모와 아기가 신체적으로 교류하면 유대감이 강화돼 정서발달에 좋은 영향을 준다, 외출 시 엄마 몸 하나만 챙기면 되니 간편하다, 각종 질병에 대해 면역력을 높인다 등. 내가 아는 것만 해도 이 정도인데 말이다.

분유를

잘

먹었던 아이.

수유는 곧 엄마들이 처한 상황을 대변!

옛날에는 유모가 존재했다. 유모는 오늘날의 베이비시터처럼 기저귀를 갈아주고 아이를 재우는 일을 했다. 나아가 젖을 먹이는 일까지 담당했다. 서민들은 젖동냥하면서 키웠을 테지만, 양반집에서는 모유량이 풍부하고 건강한 유모를 고용했다.《명종실록》에 따르면 임금의 맏아들인 원자가 다리 힘이 쇠약해졌다 하여 유모의 건강상태를 봤다.[9]

의원이 유모에게 습증이 있다고 하자, 왕실에선 곧바로 유모를 교체했다고 한다. 모유를 제공하는 일이 그만큼 중요했다는 얘기다. 그래도 왕자가 왕이 되면 키워준 유모의 은혜를 잊지 않고 판서보다 높은 '봉보부인'(奉保夫人)에 올리는 보상을 해줬다니 나름 인간적이라고나 할까.

선조들도 이렇게 모유를 사수하러 나섰다는데 지금 엄마들은 왜 분유를 먹일까? 가장 큰 이유는 엄마들이 처한 신체적, 심리적 상황의 다양성에 있다.

아이가 격하게 거부해서일 수도 있지만, 대개 엄마의 극한 상황이 분유를 선택할 수밖에 없게 한다. 가령 회음부 상처에 혈종이 생긴다든지, 젖몸살이 너무 심하다든지, 복귀한 회사에서 수유를 하기 어렵다든지.

분유를 먹이는 엄마를 두고 인내심이 없다고, 방법이 틀렸다고 주장하는 전문가가 많다. 게다가 '모성=모유 수유' '모성〉분유 수유' 기본공식이라도 있는 듯이 수유 방법에 모성을 연결 짓는 건 최악이다.

분유 수유하는 엄마들이 결코 수유를 안일하게 생각한 게 아니다. 출산과 동시에 바로 젖이 딱 알맞게 나오는 사람도 있지만, 젖이 돌지 않거나 저절로 말라버리는 사람도 숱하다. 모유 수유하는 엄마들 역시 평온하게 아기 젖을 먹이는 이보다 가슴에 염증이 생기고 상처를 입으면서도 이를 악물고 수유하는 이들이 훨씬 많다.

유명한 분유 제조기업이 중국의 한 공사와 대규모 수출 계약을 체결했다며 개최한 기자간담회에 간 적이 있다. 물론 결혼 전이다. 수출 계약 내용을 발표하는 자리에 그 회사 광고모델인 탤런트가 나와서 본인도 자기 아이들에게 이 분유를 먹였다며 깨알 홍보를 했다. 그 회사에서는 행사장에 온 기자들에게 분유를 세 통씩 쥐여 줬다. 성의를 생각해서 들고 왔지만(김영란법이 적용되기 전이다) 그때는 필요 없었으니까 사무실에서 "이거 분유 가져가실 분!"이라고 외쳤더랬다. 지금이야 귀하디귀한 분유이건만. 분유 업체에서 기자간담회를 열고 "저희 제품 좋답니다. 써보세요"라고 말한 속내도 '모유 대세론'에 잠식당하지 않기 위함이 아니었을까.

분유가 모유보다 좋다고 주장하려는 게 아니다. 모유도 모유 나름대로 분유도 분유 나름대로 좋다는 말이다. 지금 수유하는 엄마들은 모유 먹이면 분유 먹이라는 말을 듣고 분유 먹이면 모유 먹이라는 말을 듣는다. 엄마들은 자신에게 맞는 수유 방법을 선택할 권리와 자유가 있다. 어떤 이유든지 모유 수유를 중단할 수 있다. 본질은 '아이가 잘 먹는다'에 있다. 엄마가 안아주고 웃어주고 사랑해주면 아이는 최고의 영양식을 먹은 게다. 모유와 분유의 싸움이 끝났으면 한다. 모유 수유든 분유 수유든, 이 둘을 바라보는 시선이 엄마에게 죄책감과 소외감을 유발해서는 안 된다.

육아가 유난히 고된 어느 날

산후 다이어트의 '압박',
회복이 우선

산후

출산 후 몸무게 재고 경악해보셨나요?

임신 기간 내내 시간만 나면 먹고 또 먹었다. 먹고 있으면서도 다음에 먹을 메뉴를 생각했다. 그야말로 24시간 식(食)라이프였다. 밥배, 군것질배 (1차, 2차, 3차)가 따로 있는 건 당연지사. 그렇게 20kg이 쪘다.

산부인과 의사가 걱정스럽게 물었다. "어떻게 빼시려구요?" 배를 쓰다듬으며 허허 웃어 보였다. "빠지겠죠 뭐." 멋모르고 태연했던 나, 아이를 낳고 들어간 산후조리원에서 몸무게를 재고 경악했다. 고작 3kg 빠진 걸 확인한 그 날부터 입맛이 사라졌다. 2주간 애쓴 끝에 7kg을 빼고 친정집으로 왔다. 남은 건? 무려 13kg.

흔히 음식을 먹는 이유는 세 가지라고 한다. 신체적 허기, 스트레스성 허기, 감정적 허기. 나는 가장 첫 번째 이유로 꼽는 신체적 허기, '먹덧(먹는 입덧)'이 10개월간 지속됐다. '먹는 입덧'이란 구토나 메스꺼움을 느끼는 입덧과는 다르게 계속해서 무언가를 먹는 증상을 일컫는다. 가진 거라곤 긍정뿐인지, 원 없이 먹었기에 후회는 없었다.

문제는 건강이었다. 후폭풍으로 건강이 악화된 거다. 허리가 끊어질 것 같고, 계란이나 어패류 같은 음식에는 구역질이 나올 만큼 비위가 상했다. 한 달가량 여러 질환이 겹쳐 항생제를 먹었다. 건강이 염려돼 흉부 엑스레이 촬영에 위·대장 내시경도 받았다. 이 모든 증상이 순식간에 폭풍우처럼 몰려왔다. 속상했다. 임신 기간에는 멀쩡했는데, '건강 체질'이라 자부하고 살았는데….

매일 같이 골골거리는 나날이 이어졌다. 피로라도 풀고 오라는 신랑의 권유로 목욕탕에 갔다. 집이 아닌 다른 장소에서 본 내 몸은 측은했다. 실연을 당해 정처 없이, 초점 없이 방황하는 몸으로 보였다. 통자 허리, 붓기인지 살인지 가늠 안 되는 복부, 셀룰라이트투성이인 허벅지와 엉덩이. 형언할 수 없는 다른 몸이 거울 속에 있었다. 그 후로 한동안 나는 내 몸을 바라볼 때마다 무표정하게 보았다. 회피하고 싶었다. 육아 스트레스라는 명목으로 초코칩 쿠키를 몇 봉지 먹어댄 날에는 더 그랬다. 나는 내 몸을 받아들이기가 어려웠다.

산후 다이어트 NO! 산후 회복 타임 YES!

예전에 취재 차 여성 환경연대에서 들었던 강연이 문득 생각났다. 여성들의 건강을 위해 마련한 자리였다.

여러 강연 중 '뚱뚱해서 죄송합니까? 내 몸에 대한 내 맘의 자유'라는 주제로 여성의 몸과 시선, 다이어트를 두고 논의하는 시간이 있었다. 자신을 건강 팀장이라고 소개한 강연자는 '엄마, 학교 오지 마! 창피해!'라는 카피가 붙은 자극적인 성형외과 광고 사진을 보여 주며 말했다.

"여성들은 내가 보는 나의 몸과 남이 보는 나의 몸 등 각기 다른 '눈'이 있어요. 지하철에서 누가 쳐다봐도 내가 살이 쪄서 그러나 하고 생각할 때가 있어요. 미의 기준이 획일화된 세상에서 제일 중요한 것은 나를 포함한, 둘러싼 것들의 변화입니다. 최소한 타인의 몸과 살에 대해서는 말하지 않기를 실천해보세요. 몸이 크고 작고는 상관없습니다." 여기저기서 박수가 터져 나왔다.

이런 강연에 대해 썼던 기사들을 보며 자각했다. 출산한 엄마들이 오히려 더 다이어트라는 틀에 갇혀버릴 수 있겠다고. 성 고정관념 속 여성스러움이나 마른 몸매라는 '미'의 기준을 원하는 이 사회에서는 더더욱. 나 역시 어느 정도 내게 허용해온 기준 안에 미치지 못하니, 내 몸에 대해 무관심, 무책임해진 거라고.

> 몸에 갇힌 존재가 사회에 갇힌 존재로 전환되는 순간 몸은 자아를 벗어나 타인과 사회와 연대하는 플랫폼이 된다. 마치 어떤 고통이 그러하듯. 신체라는 공유할 수 없는 외로운 물리적 세계를 빠져나와 다른 생명의 목소리와 감정을 자기화하는 것, 나는 그것이 희망이라고 믿는다.[10]

고금숙 여성환경연대 환경건강팀장의 한국일보 칼럼 〈몸에 갇힌 존재들〉에 나오는 말이다. 이 글을 읽을 때, '몸에 갇힌 존재'라는 단어에 시선이 멈췄다. 출산 초기에는 친정엄마의 도움을 받아 조금이라도 내 몸을 보살필 시간이 있었지만, 이후에는 돌봄 노동에 치여 내 몸은 회복

될 겨를이 없었다. 나는 그저 아이의 생존에 필요한 소모품 같은 몸이었다.

언젠가 TV에서 본 산후 폭식증에 걸린 엄마가 불현듯 떠올랐다. 그녀는 남편은 물론이고 두 아이에게 갖은 언어폭력을 당하고 있었다. "우리 엄마는 절대 살 못 빼요.""뚱뚱한 엄마가 싫어요." 엄마는 폭력에 무뎌짐은 물론이고 이를 인정했다. 자신이 식욕을 제어하지 못하고 못났기 때문에 무시당해도 되는 존재라고 여기는 듯했다. 몸에 갇힌 존재라는 걸 수긍한 게다.

여자는, 엄마는, 뚱뚱하면 뭇매를 맞아도 되는 존재인가. 스스로 내 몸을 감옥에 가두지 않기로 마음먹었다. 내 몸을 혹사하고, 경멸하고, 열등의식을 느끼지 않고, 평가 절하하지 않고, 깔보지 않으리라. 임신 전은 물론이고 임신 후의 몸도 예뻐해 주면서 변화를 시작하리라.

그래서 유튜브 영상을 보며 홈트레이닝을 시작했다. 온종일 아이를 안고 있느라 뻐근해진 근육이 스트레칭을 하면서 풀렸다. 스마트폰 어플로 운동은 물론 식단, 마인드 코칭까지 받을 수 있는 프로그램도 신청했다. 몇 개월 하면서 몸에 제법 변화가 생겼다. 체중은 일주일에 한 번 잴 뿐. 체중보다도 눈으로 체크하는 '눈바디'를 더 신뢰하는 이 프로그램 지침이 참 마음에 들었다.

5월 6일은 '세계 다이어트 없는 날(INDD, International No Diet Day)'이다. 이날은 1992년 영국의 시민단체 '다이어트 깨부수기'의 대표이자 페미니스트인 메리 에반스 영에 의해 제정되었다.[11] 메리는 뚱뚱하다는 이유로 왕따와 거식증으로 고통받은 경험을 전하며 다이어트의 폐해를 꼬집

육아가 유난히 고된 어느 날

었다. 이 단체가 제시한 목표는 이렇다. '다이어트와 몸무게에 대한 집착 버리기, 뚱뚱한 사람에 대한 혐오 없애기.'

나는 다이어트가 여성을 향한 혐오와 폭력을 조장하지 않는지 목소리를 높이는 이 단체의 활동을 보며 '산후 다이어트'라는 표현 역시 '산후 회복 타임'으로 바꾸자는 운동을 하고 싶어졌다. 체중이 건강에도 영향을 끼치니 너도나도 다이어트를 하는 거겠지만 '산후 다이어트'라는 말을 들을 때마다 "그 말이 최선입니까?"라고 묻고 싶은 걸 얼마나 참았는지 모른다. 실제로 "어, 결혼 전보다 많이 찌셨네요?"라는 말을 주변에서 많이 들었고, 신랑은 그리스 신화에 나오는 아프로디테 여신 같다며 그 여신을 두고 '풍만하다'는 단어를 사용했다. 뱃속에 둘째는 언제 나오냐는 말까지.

아이를 낳고, 다이어트는 단지 신체를 아름답게 하는 차원에 그칠 게 아니라는 사실을 제대로 배웠다. 내면의 군살을 제거하는 마음으로 '내 몸 치유의 관점'으로 접근해야 한다. 엄마일수록 자기 몸을 긍정하고 당당함을 추구해야 한다. 이게 핵심이었다. 앞으로 오늘 내 몸을 위해 얼마나 '착한 일'을 했는지 다이어리에 적으련다. 이를테면 이렇게. '물 8잔 마심, 거울보고 스마일 3번 함, 허리 펴고 다리 꼬지 않으려고 의식함, 거북목 금지!'

한 끼 '요리타임',
가끔은 영혼을 실어 제대로 먹기

식사

라면 하나도 잘 못 끓이던 내가

고백하건대 결혼 전까지 라면 하나 제대로 끓일 줄 몰랐다. 열에 아홉은 물의 양을 못 맞춰 반 이상은 버리기 일쑤였다. '라면 참사'의 근본 원인은 무관심에 있었다. '나는 요리에 관심이 없다. 고로 라면에 넣을 물의 양 따윈 알고 싶지 않다.' 뭐 이런 마음이었다.

이랬던 내가 결혼을 하고, 부엌을 드나들며 요리라는 걸 하기 시작했다. 신혼 초 남편은 가스레인지 앞에 서 있는 날 보며 불안해했다. 말은 안 해도 '과연 오늘, 저녁을 먹을 수나 있을까?' 반신반의하는 표정이었다. 연애 시절 된장찌개를 한 번 끓여줬는데 맛있다는 연기를 할 수 없을 만큼 맹물을 선보여서다. 계속되는 의심의 눈초리에 자존심이 조금 상했다. 내 실력을 보여주리라 다짐했다.

그리하여 시간만 나면 '폭풍검색질'에 빠졌더랬다. 검색 내역은 이러

육아가 유난히 고된 어느 날

했다. '간단 요리 레시피' '저녁식사 메뉴' '한 그릇 음식' '초간단 요리'. 취재 기획안을 낼 때도 '요리 전문가가 추천하는 봄 요리' 이런 식으로 은근히 내 고민을 반영해 조언을 얻어낼 꼼수를 부렸다. 퇴근한 후에는 자연스레 마트로 직행하고, 장을 잔뜩 봐서 부엌에다 풀었다. 재료를 갖추니 모양은 제법 그럴싸했다. 허나 도전은 실패로 이어졌다. 파 송송 넣은 계란국은 계란맛 나는 물이 되고, 김치찌개 역시 김치 냄새 나는 물이 됐다(음식물 쓰레기통으로 직행한 계란국, 정말 아까웠다). 이래선 안 되겠다 싶어 레시피를 몇 번이나 확인하며 요리에 집중했다. 종이컵을 계량 도구로 삼아 가장 취약했던 물의 양을 맞추고, 양념을 넣을 때마다 수시로 맛을 확인했다. 같은 요리라도 여러 요리 분야의 파워 블로거가 만든 것을 참고하여 크로스 체크했다.

두세 번 이러한 과정을 거치고서야 드디어 남편이 인정하는 요리가 탄생했다. 된장·김치·순두부·찌개, 청국장, 콩나물국, 감자전, 버섯불고기전골, 토마토스파게티, 애호박전 등(이 요리들은 이제 굳이 레시피를 안 봐도 어떻게 만들지 감이 온다). 남편이 맛있게 먹는 모습을 보니 뿌듯했다. 먹지 않아도 배가 부르다는 말의 의미를 알 것 같았다. 여기까지가 신혼 초의 상황.

아이가 태어나니 요리는 스톱

아이가 태어남과 동시에 한동안 요리는 스톱 상태가 됐다. 왜 내가 부엌에 있으면 아이는 우는 것일까. 먹기는 해도 밥이 코로 들어가는지, 입으로 들어가는지 모를 때가 많았다. 제대로 목구멍으로 넘어가면 다행. 요리 과정에서도 '내가 없다'는 생각이 들었다. 음식은 내가 만들지만 정작 즐기는 사람은 내가 아닌 느낌. 그저 '남편이 먹고 싶은 게 뭘까?' '아이가 칭얼거리기 전에 후다닥 만들 수 있겠지?' 생각만 맴돌았다. 가족일지라도 엄밀히 말하면 타인인 그들 상황만 고려한 게다. 세상 모든 엄마가 '차리는' 밥상이 아닌 '차려주는' 밥상을 좋아하는 이유가 여기에 있다!

공지영 작가의 《딸에게 주는 레시피》는 제목 그대로 딸에게 자신이 즐겨 먹는 음식을 소개하고 레시피를 알려주는 책이다. 이 안에는 작가의 '요리관'이 고스란히 담겨있다. 그녀는 자립한다는 것에는 자기가 먹을 음식을 만드는 일도 포함된다며, 스스로 먹을 것을 만드는 능력이 자존감을 유지하는 데 중요한 요인이 된다고 말했다.[12]

작가는 자존감이 깎이는 날에는 제법 근사한 안심스테이크를, 속이 갑갑하고 느끼할 때는 시금치 된장국을, 특별한 것이 먹고 싶을 때는 칠리왕새우를 먹는다. 중요한 포인트는 자신이 만든 음식을 먹을 때 여기가 '세상에서 가장 귀한 레스토랑'이라고 생각하고, 우아한 생각과 우아한 포즈로 먹어야 한다는 것이다. 향초도 켜주면 좋고.

그녀만의 요리 의식에 엄지를 들 수밖에 없었다. 온전히 나를 위한 요리를 한 번 만들어봐야겠다고 마음먹었다. 책에서 본 '꿀바나나'를 택했다. 레시피가 간단해서 마음에 들었다. 버터를 한 숟가락 떠서 프라이팬 위에 녹인 후 그 위에 바나나를 올리고 뒤집어 준다. 노릇노릇 구워졌다 싶을 때 꿀과 계핏가루를 뿌리면 끝이다.

완성한 꿀바나나를 식탁에 올리고 영화 〈미드나이트 인 파리〉 〈비긴 어게인〉 OST를 틀었다. 아이가 깨트릴 수 있는 유리 양초는 모조리 없애서 LED양초를 켰다. 바나나를 한 입 베어 무는 순간, 달콤한 꿀과 계

육아가 유난히 고된 어느 날

계핏가루를

올린 바나나,

간단한 요리치고

너무 맛있다.

피 향이 입안에 은은하게 감돌았다. 구운 바나나는 과일이 아닌 요리였다. 포만감이 있어 배도 금방 불러왔다. 입가심으로 택한 루이보스 허브 티도 끝내줬다. 마음에 절로 평화가 찾아왔다.

음식, 극한 육아 엄마들에게도 중요한 가치

가끔 남편 회식 날이면 혼자만의 요리 시간을 가진다. 물론 아이가 잘 때만 제대로 즐길 수 있다. 대단한 요리가 아니어도 내가 나를 내접하고, 나에게 대접받는 기분은 짜릿하다. 간단한 요리를 만드는 데 5분, 먹는데 5분~15분. 들인 시간은 짧지만, 즐기는 시간은 훨씬 길다. 요리가 버거울 땐, 전문요리 배달 사이트에서 반조리식품을 주문해 만들어 먹는다. 대신 그릇만큼은 일회용기 대신 나만의 그릇에 옮겨 담는다. 시간이 절약되고 대충 만든 음식이 아니라서 먹는 즐거움도 있다.

영유아 엄마들이 에너지가 고갈되는 원인 중 가장 큰 원인이 부실한 식사에 있다고 한다. 대부분의 엄마가 자신을 위해서는 요리를 하지 못한다. 헌데 아이를 잘 키우려면 식사부터 잘 해야 한다. 아이 셋을 키우는 엄마가 내게 이런 말을 했다. "저는 아이들과 외식하면서 애들 보느라 뒤늦게 먹을 때면 꼭 새로 시켜요. 신랑도 알아요. 제가 남은 음식 먹기 싫어하는 걸. 아이들이 남긴 것도 안 먹어요. 더러워서는 두 번째 문제고요, 제 끼니도 소중하다는 사실을 알리고 싶어서예요."

음식, 요리는 하찮은 게 아니다. 극한 육아를 하는 엄마 역시 마찬가지다. 인류 역사를 보면 모든 순간엔 항상 음식이 있었다. 인간은 무심히 흘러가는 시간뿐 아니라 절체절명의 순간에도 계속 먹는다.

육아가 유난히 고된 어느 날

다큐멘터리 〈누들로드〉〈요리인류키친〉 등을 제작해 대중에게 '요리하는 PD'로 잘 알려진 이욱정 PD의 강의를 들은 적이 있다. 강의를 들으러 왔던 사람들이 그에게 촬영 도중에 가장 맛있게 먹은 빵이나 다큐멘터리 사전 제작과정과 현장 취재과정에서 느끼는 차이점 등을 구체적으로 질문했다. 그의 대답 가운데 아직도 기억에 생생하게 남는 말이 있다.

"음식이라는 것은 나라는 사람의 특성은 물론 상대방에 대한 나의 생각이라든지, 인간관계까지 담고 있는 아주 복합적이고 압축된 문화적 매개체입니다. 우리는 음식을 통해 동질감을 느끼며 우리 자신을 규정할 수 있습니다. 여기엔 단순한 행위 이상의 아름다운 행복이라는 가치가 숨어있지요." 문화적 매개체, 행복이라는 가치. 어렵다고 느꼈던 말의 의미를 이제는 조금 알 것 같다. 매 끼니는 못 해도, 배달이나 도시락, 외식으로 타인의 힘을 빌리더라도, 힘을 내서 영혼이 깃든 요리를 하는 순간엔 적어도 내가 살아있다고 느끼니까.

아이를 보면서 이 반찬 저 반찬 차리기 참 힘들다.
과잉과 잉여에 익숙한 밥상은 엄마의 힐링에 어울리지
않는다. 평소 아끼던 그릇 하나를 꺼내 소박하지만
건강한 한상, '진수성찬' 대신 '쥐코밥상'으로
'나 돌봄' 밥상을 차려보자. 어떤 것부터 만들지
모르겠다면, 전문가의 도움을 받아보자.

논밭예술학교

파주 탄현면 헤이리예술마을 내 위치한 논밭예술학교에서는 야외 텃밭에서 기르는 건강한
채소, 과일, 나물을 채집해 요리 수업을 한다. 직접 수확한 당근잎 주먹밥, 야생허브꽃 샐러
드, 밤대추은행팥밥, 채식 철판구이 등은 그동안 인기 있던 요리수업의 메뉴다.

주소: 경기 파주시 탄현면 헤이리마을길 93-45
문의: 031-945-2720~1, blog.naver.com/nonbatart/

에이미쿠킹(AmyCooking)

소그룹 버라이어티 쿠킹 클래스 에이미쿠킹. 매달 다양한 스타 셰프에게 다양한 테마와 콘
셉트의 레슨을 동시에 경험할 수 있다. 평균 1~2시간 동안 진행되는 '짧고 굵은' 쿠킹 클래스
가 대부분이라 시간이 부족한 엄마들에게 제격이다.

주소: 서울시 강남구 선릉로 570 3F
문의: 1599-7719, www.amycooking.com/Amycooking/

제철 음식학교

약선 요리, 전통장으로 유명한 요리 전문가 고은정 씨가 운영하는 '제철 음식학교'. 수업은
고 씨의 작업실인 지리산 실상사 부근에서 진행된다. 매달 세 번째 토요일과 일요일 1박 2일
에 걸쳐 2강의 수업을 진행한다. 무농약 재료로 담근 간장·된장·고추장을 바탕으로 밥, 국,
반찬 등을 만드는 과정이 기본 코스다.

주소: 남원시 천왕봉로 783길
문의: blog.naver.com/iggoom

힘들 땐 힘들다고 말해요
우리

상담

언제부턴가 갈대는 속으로

조용히 울고 있었다.

그런 어느 밤이었을 것이다. 갈대는

그의 온몸이 흔들리고 있는 것을 알았다.

바람도 달빛도 아닌 것.

갈대는 저를 흔드는 것이 제 조용한 울음인 것을

까맣게 몰랐다.

---- 산다는 것은 속으로 이렇게

조용히 울고 있는 것이란 것을 그는 몰랐다.

신경림 시인의 '갈대'를 읊고 있노라면 우리의 인생이 갈대처럼 흔들리며 눈물 흘리며 살아가는 존재임을 다시 한번 깨닫는다. 인생이 갈대고, 갈대가 인생인 게다.

힘없이 흔들리는 갈대를 가만 보면 제 몸으로 사람의 감정 곡선을 그려주는 듯하다. 출렁출렁 파도치듯 심하게 왔다 갔다 하면 저게 바로 조울증(양극성 기분 장애)인가 싶고, 꼿꼿하게 서 있을 때면 제정신으로 보이고. 갈대를 비하하려는 의도는 없다. 갈대야말로 바람에 꺾이지 않는 대단한 존재나. 뜬금없이 갈대를 언급하는 건 엄마가 되고 나서 나 자신이 갈대가 된 듯해서다. 아이가 울거나, 체력이 안 받쳐주는 날이면 몸이고 마음이고 너덜너덜해진다. 그러다 또 살만해지면 언제 그랬냐는 듯 덩실덩실, 흥얼흥얼거리며 하루를 보낸다(대체로 신랑에게 자유시간을 얻었을 때다).

상담으로 대한민국 엄마 구하기

그런데 무엇을 해도 마음 한구석이 헛헛한 게 풀리지 않는 실타래를 안은 것 같을 때가 있다. 하루가 지나고 이틀이 지나고, 조금 오래간다 싶을 때. 특별히 이유는 모르겠고, 그냥 울고 싶을 때. 친정엄마나 친구, 남편에게 털어놓으려고 해도 내 치부를 드러내는 것 같아 주저하게 될 때. 결단을 내렸다. 상담을 받아야겠구나.

사실 아이를 낳기 전, 두 번가량 정신과 전문의에게 상담을 받은 적이 있다.

난생처음 정신과에 방문한 이유는 식욕 때문이었다. 당시 직장 내에서 크고 작은 스트레스를 받으면 먹는 것으로 즉시 해결하곤 했는데, 폭

육아가 유난히 고된 어느 날

식이라고 할 만큼은 아니지만, 스스로를 통제하지 못한다는 사실이 두려웠다. 내 딴에는 진지했다. 의사에게 식욕억제제를 달라고 해서 처방을 받았다. 의사는 지극히 정상이라고 했지만, 우겨서 받아낸 것이다. 그런데 3일 만에 자발적으로 복용을 멈췄다. 심장이 두근거려서, 부작용이 무서워서.

두 번째 상담은 결혼 초기에 받았다. 당시엔 집안일에다 이직한 후 새 직장에 적응하면서 느끼는 여러 애로사항을 털어놓기 위해 갔다. 신랑이 평일에 날 도와줄 수 없는 상황 또한 감당하기 힘들었다. 결론적으로, 굉장히 도움이 됐다. 물에 적신 스펀지를 쫙 짜준 기분이랄까. 적어도 상황을 바라보는 '시선'은 바꿀 수 있었다. 내게 해결방법을 찾아주거나 내가 처한 상황을 바꿔주지 않아도, 나를 괴롭히는 요인을 발견하는 시간으로도 충분했다. 마음도 이내 다시 평온해졌다.

그때 경험으로 정신과에 대해 알게 모르게 가졌던 편견이 사라졌다. 심리학과 대학원 입시를 준비하는 친구도 그랬다. 실제로 가보면, 생각보다 부담되지 않는다고. 보이지 않는 벽을 허물 수 있다고.

아이를 낳고선 군부대 안에서 상담을 받아봤다. 결혼하지 않은 상담사였지만, 군부대 안 숙소에서 사는 게 얼마나 답답한지, 바깥사람들과 조금은 결이 다른 삶이 무엇인지 안다고 '공감'해주었다. 힘들 때 언제든지 연락하라고, 상담실 문을 두드려서 찾아오라고 말해준 그녀가 고마웠다. 특별한 '처방전'이 없어도 '처방'을 받은 듯했다. 상담은 그런 마법의 효과가 있는 모양이다. 뾰족한 해결책은 없어도 '임금님 귀는 당나귀 귀'라고 외치는 것만으로 위안받는다고나 할까.

언젠가 내게 상담을 요청한 친구가 있었다. 친구가 처한 상황을 요약

하면 이랬다. 현재 만나는 남자친구가 몇 년 전부터 정기적으로 우울증 약을 먹고 있으며, 그 사람의 친어머니(결혼한다면 장차 시어머니가 될)는 우울증의 정도가 심해 병원에 입원했다. 남자친구는 어머니를 돌보기 위해 직장에 휴직계를 내야 하나 고심하고 있다고.

친구는 안타까운 상황에 놓인 남자친구를 토닥거리는 동시에 속으로는 '이 사람을 계속 만나도 되나? 내가 감당할 수 있을까?' 이런 마음이 든다고 했다. 인터넷 메신저로 이야기를 주고받았지만, 친구는 그 어느 때보다 진시했다. 나 역시 공감했다. 마음의 병은 감기처럼 누구에게나 찾아올 수 있다. 그러나 더 진지한 관계로 발전했을 때 우려되는 부분도 무시할 순 없는 노릇이다. 난 친구에게 이런 조언을 해줬다. "우리는 의사가 아니다. 그 둘의 마음을 멋대로 진단하고 처방할 수 없다. 그럴 자격도 없다. 대신 전문가에게 피폐해져만 가는 네 마음을 털어놓자. 네 감기가 폐렴으로 바뀌지 않도록…" 친구 역시 그래야겠다고 답했다.

엄마는 마음 챙김 중

내게 '상담 커밍아웃'(?)을 한 아이 엄마는 지칠 대로 지친 마음을 남편이 몰라줘서 남편을 끌고 상담을 받으러 갔다고 했다. "정말 이대로 가다간 큰일 납니다"라는 상담사의 말에 남편과 상의한 후 아이를 어린이집에 보내고 엄마는 우쿨렐레 학원에 등록했다. 그다음부터는 '죽을 것 같았던' 마음이 사라졌단다. 엄마는 이후 열심히 배워 우쿨렐레 강사가 됐고 아이도 현재 잘 자라고 있다. 상담을 계기로 상황을 개선할 방법을 찾은 거다.

육아가 유난히 고된 어느 날

아이를 낳고선 평소보다 몸과 마음을 챙기는 데 더 신경 쓰려고 한다. 내가 무너지면, 나 자신뿐 아니라 아이, 남편, 가정이 흔들릴 테니까.

가끔 화가 나거나 힘들 땐 종이에 적는다. 셀프 상담을 받는 거다. 아이가 안아달라고 할 때 왜 버거웠는지, 혹은 잠투정이 많을 때 달래는 게 왜 힘들었는지, 세세하게 적어보고 그 상황을 어떻게 받아들일지 고심하기도 한다. 너무 힘들 때는 신랑에게 비상상황임을 알린다.

혹자는 말한다. 귀여운 아이를 키우는 데 뭐 그렇게 힘드냐고. 반은 맞고 반은 틀린 말이다. 여성의 인생에서 엄마로서의 삶은 기쁨, 사랑, 충만감, 자부심, 만족감 등을 가져다준다. 반대로 (종종, 혹은 자주, 며칠 몇 달 심지어 수년간) 죄책감, 수치감, 분노, 실망감, 무력감 등도 불러일으킨다. 엄마들은 정서적·육체적 '소진(burn-out) 현상'이 그 누구보다도 주기적으로 일어나고 과중한 일과로 시간의 제약을 받으며, 예측 불가능한 일상을 살고 있기 때문이다.

이렇게 엄마들은 다양한 형태의 고통을 느낀다. 그런데도 주변에서 이 고통의 목소리를 듣지 못하는 데는 엄마들에게 필요한 방편을 제공하지 않은 채 엄마들이 모범적으로 역할을 수행하기를 기대하는 '사회의 기대심리'가 한몫한다. 엄마 스스로 감정 규칙을 완전히 내면화했기 때문이기도 하다.

나는 엄마들이 스트레스를 재검토하는 시간을 좀 더 적극적으로 가졌으면 좋겠다. 엄마 상담 데이터가 쌓이면, 전문가들도 엄마들에게 갖는 고정관념을 깨고 모성과 관련된 스트레스를 새롭게 고찰하지 않을까 해서다. 호르몬 불균형 때문이니 어린 시절에 겪은 트라우마 때문이니 유전성 우울증 때문이니, 답이 정해진 원인과 해결책 말고 좀 더 다양하게 말이다.

지금부터라도 주변을 둘러보자. 지자체를 찾아보면 무료로 상담을 받을 수 있는 정신건강증진센터가 많다. 혼자서만 해결하려 들지 말자. 전문가에게 하나라도 더 물어볼 수 있으니, 엄마 스스로 문턱을 낮추길. 우리의 몸이 소중하듯, 우리의 마음도 소중하니까. 사회가 엄마에게 주는 메시지, 모성의 신화적 이미지 따윈 잊자. 힘들 땐 힘들다고 말하자.

육아가 유난히 고된 어느 날

계절과 날씨의 맛,
엄마라서 잘 느낀다!

계절

엄마, 계절에 민감해졌다

베란다 쪽에 가니 습하고 뜨거운 열기가 확 올라온다. 얼굴보다 큰 부채와 선풍기로는 안 되겠다 싶어 에어컨을 켰다. 자연 바람이 부는 그늘진 계곡으로 피신하지 않는 이상, 한여름엔 육아도 쉽지 않다. 아이도 여름을 온몸으로 맞는지 칭얼거린다. 땀띠마저 나올 기미다.

커다란 대야를 꺼내 물놀이를 시켜줬다. 더위가 달아나 신난 모양이다. 찰싹찰싹 손으로 때린 물이 자기 얼굴을 때리니 연신 까르르 웃는다. 그 웃음이 귀여워 여름이 싫어지려는 마음도 달아났다. 한참 놀고 나니 잠도 스르륵 잘 잔다. 앗싸! 냉장고에서 미리 잘라놓은 수박을 꺼내 먹었다. 시원 달달한 수박을 먹고 있노라니, 여름도 보낼 만하다 싶다. 프랑스 평론가 롤랑 바르트가 "날씨만큼 이데올로기적인 것은 없다"고 했던가. 지금 이 상황이 딱 그렇다. 계절, 날씨를 느끼는 감각과 감정은 시간과 공간에 따라 달라진다. 날씨 그리고 계절만큼 사람 감정에 큰 영향을 미치는 요소가 있을까. 날씨가 맑아서 기분도 화창하다, 비가 와서 쓸쓸하다는 표현을 많이들 하지 않는가.

가정이라는 작은 소행성에 사는 나는 온 우주의 움직임에 민감해졌다. 엄마는 온몸으로 계절을 탄다. 임신을 한 사람을 보면 이렇게 말한다. "출산하고 몸조리에 들어가면 눈 내리는 겨울이겠네요. 어차피 추워서 밖에 못 나오니 그게 나을 수도 있겠어요."

계절과 날씨에 아이를 대입하는 일상의 가짓수도 많아졌다. 예컨대 여름이 올 즈음엔 가성비 좋은 어떤 브랜드의 바디수트를 입혀야 하니까 세일할 때 사둬야지 하고 중얼거린다든가 사과 철인 가을엔 맛좋은 사과를 먹여야지 한다.

사실 영농기술의 발전으로 과일이나 식품의 계절 구분은 사라진 지 오래다. 조선시대에는 왕실에서만 겨울에 딸기를 먹었다는데, 요즘은 초여름뿐 아니라 사시사철 먹을 수 있다. (물론 비닐하우스 농사는 바깥공기와 싸우느라 수시로 기온을 체크해야 한다지만) 어디 과일뿐이랴. 냉난방기의 발전 또한 계절 감각을 둔화시키는 요인 중 하나다. 요금 걱정만 안드로메다로 날려버린다면 여름에도 겨울처럼, 겨울에도 여름처럼 지낼 수 있다.

여름이 싫다던 지인이 언젠가 여름을 보내는 방법을 알려줬다. "집에 있을 땐 에어컨을 계속 켜고 외출할 땐 원격제어로 자동차에 에어컨을 미리 켜 놔. 자동차에서 내리면? 에어컨 빵빵한 카페로 들어가는 거지. 마트도 좋고. 이렇게 살다 보니 이젠 여름이 더운지도 모르겠어." 들을 땐 제법 신통방통한 방법이라고 '엄지 척' 했지만, 지금 생각하면 고개가

육아가 유난히 고된 어느 날

한 여름 육아는

계곡에서.

덥다고

투정부렸다가도

계곡에 오면

시원해서

웃음이 나온다.

갸우뚱해진다. 계절이 변해 가는 냄새와 질감을 느끼는 것도 내가 살아 있음을 느끼는 '순간'이라는 걸 알아버려서 그런가.

요즘은 사계절이 뚜렷한 나라에 사는 것이 어쩌면 축복이라는 생각도 든다. 봄은 싹이 트는 것을 봄. 여름은 열매가 열음. 가을은 밭을 다시 갈을(가을갈이(秋耕)이란 말이 있다. 다음 해의 농사에 대비하여 가을에 논밭을 미리 갈아 두는 일을 말한다). 겨울은 먹이가 없어 살기 힘겨울 혹은 지겨울. 사계절의 어원을 검색해보니 단어 하나하나에도 계절의 '맛'이 풍긴다.[13]

아이와 사계절 느끼며 사는 법

종종 계절을 떠올리게 하는 영화들을 다시 본다. 가와세 나오미 감독의 아홉 번째 장편영화 〈앙 : 단팥 인생 이야기〉는 봄을 느끼기 좋은 영화다. 도라야끼를 만들어 파는 작은 가게에서 단팥을 만드는 과정을 통해 조명하고자 하는 음식과 인물의 관계를 떠나, 도쿠에 할머니가 쳐다보고, 밟고 지나가는 분홍빛 벚꽃잎을 보고 있으면 스크린 위에 손끝을 얹고 싶어진다. 여름은 〈맘마미아〉가 딱 맞다. 배경이 그리스의 작은 섬이라 그런지 푸른 바닷가와 하얀 하늘에서 청량감을 느낄 수 있다. 명작으로 손꼽히는 〈미술관 옆 동물원〉은 말 안 해도 알 거다. 가을이라는 걸. 흰 눈으로 덮인 곳에서 아무 생각 안 하고 뒹굴고 싶을 땐 〈러브레터〉를 본다. 비현실적인 설경이 끝도 없이 펼쳐진 곳에서 나카야마 미호가 "오겡끼 데스까"(잘 지내나요)를 외치는 장면은 보고 또 봐도 명장면이다.

또 하나, 요리책을 본다. 상쾌한 봄날에 만든 된장냉이무침과 두부샐러드, 기운이 필요한 여름에 만든 구운 가지와 도토리묵사발, 마음이 차

육아가 유난히 고된 어느 날

분해지는 가을에 만든 더덕잣무침과 들깨순두부찌개, 따뜻함이 필요한 겨울에 만든 건곤드레나물과 팥설기. 그때그때 수확한 제철 재료로 만든 반찬은 사진으로만 봐도 계절의 향과 맛이 풍겨오는 듯하다.

한국전통음식연구가 김숙년 선생님은 《오늘의 육아》에서 이렇게 말씀하셨다.

아이가 먹는 음식에도 사계절이 있다. 음식으로서 아이들에게 계절 감각을 살려주는 것이 내 요리의 목적이다. 그러면 계절별로 자연스레 추억도 생긴다. 요즘 아이들에게 추억이 너무 없는 걸 보면 안타깝다. 만들어진 곳 속에서 계절을 잊고 살면 어릴 적 기억은 무엇으로 만든단 것일까. 봄에는 들에서 난 새싹을 먹고, 봄의 꽃을 느껴야 하고, 여름에는 신비로운 색감과 열매의 생동감을 줘야 하고, 가을은 젓갈과 장맛을 알아야 할 때다. 뿌리가 생산이 되니 뿌리를 이용한 음식도 먹어야 한다. 겨울은 결실의 고마움을 느끼며 포근한 겨울의 행복감을 느껴야 한다.[14]

육아하는 엄마들에게 사계절은, 때마다 고비가 있고 어려움이 있지만 그래도 계절에 맞게 잘살아 보려고 한다. 제철에 맞는 요리를 매번 해주진 못해도 이왕이면 아이와 함께 사계절을 잘 느끼는 삶을 살고 싶다. "엄마랑 봄에는 벚꽃놀이 하러 갔고, 여름밤엔 풀벌레 우는 소리를 들었어. 가을엔 낙엽을 주워 책갈피를 만들었고, 겨울엔 눈사람 만드느라 감기에 걸렸지." 이렇게 매번 계절과 엄마를 추억하지는 않겠지만 계절은 기억을 데리고 돌아온다는 걸 알 나이가 오겠지.

잠을 자는 시간,
하찮은 시간이 아니었음을

잠

수면권을 박탈당했다

"지금 자둬야 해요." 임신 기간에 이런 말 참 많이 들었다. 귀에 딱지가 날 정도로. 그땐 몰랐다. 임신 중 더위와 싸우느라 생긴 불면증은 아무것도 아니었음을(그건 웬만큼 잘 잔 상태였다). 다들 공감할 게다. 영유아를 둔 엄마들은 기본적으로 피곤하다. 밥 대신 잠을 선택하고 싶지만, 둘 중 하나도 마음 편히 누릴 수 없다.

'에엥' '이힝'. 조리원에서 아이를 낳고 집에 왔는데 적응이 안 됐다. 자려고 하면, 혹은 잠이 들었다 싶으면 아이는 자신의 존재를 울음으로 알림과 동시에 돌봄을 요구했다. 그게 하루가 되고 이틀이 되고, 한 달이 되니까 내 수면 퀄리티는 이미 바닥으로 내려가 있더라. 부모가 되는 일은 인생의 가장 큰 기쁨 중 하나지만, 끝없는 아기 울음소리와 때마다 갈아줘야 하는 기저귀로 잠이 부족한 나날이 시작된다는 걸 체감했다.

육아가 유난히 고된 어느 날

잠, 잠, 잠이 이렇게 소중할 수가!

아이를 낳기 전에는 잠을 하찮게 여겼다. 자는 시간을 그리 귀중하게 여기지 않았다. 대부분 새벽까지 원고를 마감하다가, 괜찮은 책을 발견해서 밑줄을 긋다가 스르륵 잠이 들 때가 많았다. 잠은 우선순위에서 늘 배제됐다. 나는 '잠소홀주의자'였다.

잠이 귀하다는 사실을 깨달은 건 단연 아이 덕분이다. 내 잠의 소유권이 아이에게로 넘어가자 그제야 아쉬워졌다. 자고 싶을 때 잘 권리, 자기 싫을 때 조금 있다가 잠들 권리를 반강제로 박탈당해보니까. 아이는 한동안 음악 디제잉(DJing)을 하듯이 내 잠을 일시정지했다, 실행했다, 멈췄다, 틀었다 났다 했다. 나는 자다 깼다, 다시 잠들었다. 잠들긴 했나? 잠이 뭔가요? 이런 생활이 반복되자 얼굴과 몸에 증상이 나타났다. 침울한 그림자, 짜증, 다크서클, 잿빛 얼굴이 말해줬다. "저, 잠이 부족한 엄마랍니다."

영국 잡지 〈게으름뱅이(The Idler)〉의 창간인이자 '게으른 부모들의 대변인'으로 알려진 톰 호지킨슨이 쓴 《즐거운 양육혁명》에서는 아이의 수면 이전에 부모의 수면을 강조한다. 그는 잠을 잘 수 있는 휴가가 부모에게 꼭 필요하다고 말한다.

잠을 박탈당한 사람들은 이성이 부족해진다. 잠을 빼앗긴 사람들은 침울한, 어두운 그림자를 드리운다. 잠이 부족한 사람들은 성마르고, 짜증을 잘 내게 된다. 정부나 고용주나 배우자가 수면을 허락해주도록 기다리고 앉아 있어서는 안 된다. 우리는 부탁하는 일 없이 우리의 수면권을 단호히 행사해야 한다. 청원하지 말고, 그냥 취하라. 잠은 자유이고, 잠은 선물이며, 잠은 좋은 것이다.[15]

우리집

수면방.

친정엄마와 100일가량 육아를 함께할 땐 조금이나마 잘 시간이 있었다. 오로지 나 홀로 아이를 돌보면서 정 힘들 땐 집안일을 제쳐두고 아이 옆에서 잤다. 엄마만의 '시에스타'였다. 그마저도 안 되겠다 싶던 어느 날이었다. 잠을 잘 수 있다는 카페에 남편과 함께 갔다. '힐링 카페' 혹은 '낮잠 카페'로 불리는 곳인데 전문 안마를 해주는 고가의 기계가 설치되어 있었다. 그곳에서 새로운 세상을 만났다. 피아노 연주곡, 자연의 새소리 등이 은은하게 흐르고, 조명 또한 편안해서 휴식하기에 그만이 아닌가. 어느 해변의 해먹에 누워 유영하는 듯했다.

처음엔 이렇게 생각했다. 인간의 3대 욕구 중 하나인 잠, 잠마저 상품화하는 시대라니(하기야 침대며 베개며 수면보호대며 오래전부터 그랬다). 그런데 쭈그려 자는 쪽잠이 아닌 꿀잠을 보장함으로써 몸과 마음을 치유하고 다스린다는 '꿀잠테라피'라고 생각하니 용인됐다. 커피 한 잔도 가격에 포함되어 있어 어찌나 좋던지! 여자 사장님이 말했다. 특히 엄마들이 아이를 어린이집에 보내고 많이들 온다고.

내가 수면방을 만든 이유

박노해 시인이 말했던가. 인생에서 해결하지 못하고 건너뛴 본질적인 것들은 절대 사라지지 않는다고. 나에게 본질적인 것 하나가 바로 수면이라는 걸 절실하게 느꼈다.

해서 아이 방을 만들기 이전에 이것저것 짐을 빼고 부모 수면 방을 만들었다. 인테리어는 따로 없었다. 이불, 베개가 들어있는 장롱과 매트리스가 다인 곳이다. 대개는 다음날 일터에 나가는 신랑이 자는 곳이지만,

정 수면 부족에 시달렸을 때는 신랑에게 수면 방에서 잠 좀 자겠다고 부탁한다. 아무것도 없는 그곳에서는 다른 데 신경 쓸 것 없이 그저 잠만 푹 잘 수 있다. 안방과 거리가 떨어져 있어 신랑에게 맡긴 아이의 칭얼거림도 잘 들리지 않는다. 질 좋은 수면을 위해서 환경을 개선해야 한다는 걸 체감했다.

친한 친구 한 명은 자기 전 항상 '수면 의식'을 치른다고 했다. 하루에 감사했던 일 딱 세 가지만 머릿속으로 생각해 보는 것이다. 그게 습관이 되어 벌써 몇 년째 한다고. 나는 며칠 따라 하다 말았지만, 가끔 하루를 곱씹으며 좋았던 기억을 추억으로 새기는 시간을 보낸다.

잠과 꿈의 세계를 탐험한 소설 《잠》을 출간한 베르나르 베르베르가 한 언론과의 인터뷰에서 말했다.[16] 잠의 세계는 우리가 탐험해야 할 신대륙이자 캐내서 쓸 수 있는 소중한 보물이 가득 들어 있는 평행세계라고. 무익하다고 오해를 받는 이 3분의 1의 시간이 마침내 쓸모를 발휘해 우리의 신체적, 정신적 가능성을 극대화하게 될 거라고.

엄마는 어떻게든 잠을 사수하려는 심정으로 잠을 쫓아야 한다. 잠을 향해 다가가야 한다. 잠들기 몇 시간 전, 핸드폰은 끄자. 가능하면 곁에 두지 말자! 족욕이든 아로마 테라피든 수면가리개든 라텍스 베개든 수면방이든 안마의자든 엄마만의 낮잠 이불을 만들든 (아이만 '애착 이불'이 있으라는 법은 없다) 내 수면에 도움 되는 방법을 찾자! 감사할 거리를 찾아 하루 곱씹어보기도 팁 중의 팁.

육아가 유난히 고된 어느 날

CGV 여의도점 프리미엄관

평일 월요일부터 목요일 사이 낮 12시부터 1시간 동안 영화상영관 하나를 수면실로 운영하고 있다. 1만 원에 슬리퍼, 담요, 음료 등을 함께 제공한다.

종로 낮잠카페

수면 공간과 담소 공간으로 나뉜 일반 수면카페들과 달리 오로지 '수면만을 위한 공간'으로 꾸며졌다. 안락한 해먹을 설치해 인기가 높다.

주소: 서울 종로구 북촌로4길 27
문의: 010-5141-0741

쉼스토리

4가지 테마의 휴식 콘셉트를 지닌 쉼터. 빈 백(Bean Bag)에 누워 쉴 수 있는 대화마루(일반석), 개인 또는 커플용 거실 개념의 쉼마루(휴게석), TV와 침대가 준비된 꿈마루(수면석), 안마의자로 구성된 시원마루(안마석)로 구성돼 있다. 커피와 차, 음료를 무료로 제공한다.

주소: 서울시 강남구 역삼로3길 17 혜진빌딩 3층
문의: 070-7778-6441

꿀茶방

잠을 잘 수 있는 '꿀방'과 허브티를 마시며 여행 계획을 짤 수 있는 게스트하우스 컨셉의 '다방'으로 이루어져 있다. 꿀방은 아로마 디퓨저와 피톤치드 산소공급기가 마련되어 있고, 다방에서는 여행 관련 책자를 함께 이용할 수 있다.

주소: 서울시 송파구 백제고분로7길 28-6 3F
문의: 02-417-0670

'별'볼 일 없던 일상,
'별' 보며 위로받던 날

위로

위로가 필요한 순간이 많아졌다

불에 타는 느낌, 수천 개의 칼로 베이는 느낌 등으로 비유할 만큼 극심한 고통이 당신에게 찾아온다면? 매일 이처럼 출산의 고통보다 더 심한 통증이 불규칙적으로 동반된다면? 상상만으로도 끔찍하다. 그런데 이러한 질병이 실제 있다고 한다. 복합부위통증 증후군(Complex Regional Pain Syndrome · CRPS)이라는 희귀병이다. CRPS는 타박상, 골절상 등 외상으로 인한 급성통증이 신경계에 이상을 일으켜 만성통증으로 발전하는 난치성 질환이다. 국내만 해도 약 2만여 명이 앓고 있다고 한다.

포털사이트 인기검색 순위에 CRPS가 올라온 적이 있다. 군 복무 중 CRPS 판정을 받아 활동을 중단했던 배우 신동욱이 오랜만에 대중 앞에 섰기 때문이다. 2003년에 데뷔한 신동욱은 드라마 〈소울메이트〉〈쩐의 전쟁〉 등에 출연하며 대중의 사랑을 받았었다. 그는 한 방송 프로그램에서 주위 사람들의 위로가 한 번 빠지면 헤어 나올 수 없는 블랙홀처럼 느껴져 은둔 생활을 했다고 고백했다. 대신 그가 선택한 방법은 지금 당장 할 수 있는 해결방안을 떠올리는 것이었다. 그는 '연기' 대신 '글쓰기'를 택했다. 그 결과물이 바로 장편소설《씁니다, 우주일지》다.

여전히 그는 추위에 노출되면 커터칼날에 손이 베이는 느낌이 든다고 했다. 그런데도 자신의 책이 시련을 겪고 삶의 의욕을 잃은 분들께 희망의 메시지가 되길 바란다고 했다. 그의 고백에 많은 시청자가 응원의 메시지를 보냈다. 역으로 위로받았다는 말이 기사댓글에 쏟아졌다. CRPS와 비슷한 희귀병을 앓는 사람들의 글도 보였다.

그때 머릿속에 지인 몇 명이 스쳐 지나갔다. 난임으로, 파혼으로, 취업난으로, 여러 이유로 위로가 필요한 이들이었다. 내가 건넨 위로의 말이 도리어 상처를 줄까 봐 선뜻 연락을 못 했다. 그런데 그 방법이 최선이 아닐 수도 있다는 생각이 들었다. 그 친구에게 어울리는 시 한 편 낭독해 녹음파일을 보내줬더라면, 그 언니가 좋아하는 그림을 선물했더라면, 바람 쐬기 좋은 여행코스를 짜서 노트에 적어줬더라면, 우리는 김춘수의 시처럼 서로에게 꽃이 될 수 있지 않았을까. 단순히 "힘내!" "힘들지?"라는 말만 생각해 낸 내가 바보 같았다.

나 역시 아이를 키우면서 위로가 필요한 순간이 많아졌다. 엄마의 무게가 물에 빠진 솜처럼 축축하고 무거워져 있을 때, 무척이나 그리웠다. 슬픔에 매몰되지 않고 다시 일어나 육아에 전념할 힘을 주는 따뜻하고도 강한 위로. 그럴 때면 배우 조승우가 읽어주는 알퐁스 도데의 '별' 오디오북을 몇 번이고 들었다. 신랑이 밤샘 근무일 때, 잠이 안 올 때면 어김없이 그걸 들었다. 양치기 목동과 주인집 아가씨의 순수한 사랑을 다룬 소설 '별'. 목동이 바라본 '별'은 찬란하건만 나는 왜 '별' 볼일 없이 사는 것 같지? 주르륵 눈물을 흘릴 때도 있었다. 가슴에 맺힌 응어리를 건드렸는지 잠복해있던 내상(內傷)이 발현되는 듯했다.

인생은 가까이서 봐도 희극이고, 멀리서 봐도 희극

그러던 어느 날 비슷한 개월 수의 아이를 키우는 동네 엄마들이 내게 제안했다. 남편들에게 아이를 맡기고 놀러 가자고. 저녁 먹고 술 한잔하는 게 다였지만, 우리는 항상 매달려있던 아이를 떼어놓고 나와 신이 났다. 콧바람을 쐬고 집 앞에 오니 새벽 한 시가 넘었더랬다. 아이는 자겠지? 신랑은 안 자고 기다리려나? 그제야 걱정하던 참에 한 엄마가 내 손을 잡더니 말했다. "소영 씨, 하늘 좀 봐요. 별이 엄청 많아요. 쏟아질 것 같네요. 이렇게 별을 본 것도 오랜만이에요."

아기 띠를 하도 두르고 다녀 거북목이 된 지 오래. 고개를 제대로 들어본 적이 있었던가. 정말 오랜만이었다. 알퐁스 도데의 '별'은 들어도 내가 사는 곳의 '별'을 쳐다볼 생각은 못 하고 있었더랬다. '육아 동지'와 함께 관람한 '별'은 찬란했다. 아름다웠다. 별을 보는 우리, 그런 우리를 보는 별. 별이 속삭이는 듯했다. "인생은 가까이서 봐도 희극이고, 멀리서 봐도 희극이다."

뒤늦게 허둥대며 깨달았다. 내 힘으로 나를 위로할 수 없을 때가 있구나. 그날 밤 별과 동네 엄마의 손은 나를 위로했다. 삶의 숱한 시련을 겪더라도 그 '무언가'가 마음을 따뜻하게 데워준다는 걸 인정해야 했다. 몇 달 후, 또래 친구 중 가장 먼저 아이를 낳아 키우고 있는 친구에게 뜬금

육아가 유난히 고됨 어느 날

없이 사과했다. "그동안 많이 힘들었지? 나도 겪어보니 알겠더라, 얼마나 고된지. 그것도 모르고 위로의 말 한마디 못한 것 같다야. 고생했어."

엄마들은 위로가 필요하다. 당신의 위로가 그 사람 인생의 전환점이 될지도 모른다. 주변의 관계를 점검하며 무언의 위로를 살며시 건네면 어떨까. 가만있자 '엄마 포옹의 날' '엄마 멍 때리는 날' '엄마 펑펑 우는 날' 같은 행사는 어디 없나? 누가 기획 좀 해주세요!

아이와

살아가는

법

...

엄마의

'일상'

자차운전 대신 대중교통 이용하면
대단한 엄마?

외출

출산 후에도 BMW(?) 타기

아이가 태어나면 꼭 거쳐야 하는 관문이 있다. 예방접종이다. 아이와의
첫 외출은 '불주사'라 불리는 BCG(결핵 예방백신) 접종을 위해 감행되었
다. 태어난 지 2~4주 안에 받아야 하는 신생아 필수 예방접종이라 미룰
수 없었다. 가뜩이나 추워지는 겨울 문턱에 서서 꽤 부담스러웠던 기억
이 난다.

고심 끝에 겉싸개에 꽁꽁 싼 아이를 안고 택시를 불렀다. 택시에서 내
리자마자 보건소로 뛰어갔다. 핏덩이 같은 아이를 안고 바깥세상을 만난
다는 게 누군들 부담스럽지 않겠느냐만, 어떤 교통수단을 이용하든 불안
했다. 아이는 새근새근 평화롭게 자고 있어도 도로 위는 마치 '전쟁의 한
복판'으로 보였다.

100일 무렵, 뼈밖에 없어 보이던 아기에게도 살이 좀 붙고 아기 띠와

육아가 유난히 고된 어느 날

카시트라는 나름의 보호막도 있겠다 싶어서 조금씩 외출하기 시작했다.

워낙 '뚜벅이' 생활을 좋아하던 나는 아이를 낳은 후에도 한동안 대중교통 BMW(Bus·Metro·Walk)를 애용했다. 외출하는 데 필요한 준비물은 수납공간이 뛰어난 일명 기저귀 가방에 모조리 다 넣었다. 아기 띠를 앞으로 매고 기저귀 가방을 뒤로 매면 준비는 끝났다. 넣을 공간이야 많지만, 어깨가 버틸 수 있을 만큼 챙겨야 했기에 꼭 필요한 것만 넣고 다녀야 했다.

그렇게 두 다리로 버스를 타고 도서관에 가고, 시장에 가고, 카페에 갔다. 버스를 타면 거리의 풍경을 볼 수 있어서 좋았다. 내 앞에 마주 앉은 아이를 보다가 잠시 버스가 멈출 때, 비교적 천천히 갈 때, 주변을 둘러볼 여유가 조금이나마 생겼다. 언제 버스가 오나 고개를 빼고 하염없이 기다리는 것도 덜했다. 요즘은 버스가 어디쯤 와있는지 앱으로 한눈에 볼 수 있는 세상이지 않은가. 기차는 만족도가 더 높았다. 앞뒤 좌석의 간격도 적당하고, 특히 아이가 재미있어 했다. 기저귀를 갈 공간도 있어 세상 좋아진 걸 실감했다.

그럼 영유아를 데리고 다니는 엄마에게 대중교통은 '만능'일까? 꼭 그렇지만은 않다는 게 '함정'이다. 가장 큰 이유는 우리나라에서 대중교통 분위기는 아동 친화적이지 않다는 데 있다.

기저귀 가방에 이것저것 넣는다 해도 유모차는 골칫덩어리다. 유모차를 들고 버스에 타려고 해도 저상버스를 찾기가 힘들고, 찾는다 한들, 버스에 올라 냉랭한 시선까지 받을 엄두는 안 난다.

게다가 어린아이를 안고 타도 자리에 앉을 때까지 기다려주는 기사님은 생각보다 적다. 급출발, 급정거, 과속운전 안 하면 다행! 그러니까 엄

그나마 아기와

이동하기 편했던

대중교통.

KTX.

마인 나 역시 버스카드를 찍는 순간부터 레이더망을 가동하여 앉을 자리를 향해 빠르게 걸어서 안전하게 '착지'해야 한다. 급정거에 넘어지지 않도록 무언가를 꼭 잡고 있는 건 기본.

아이와 엄마에게 평등한 대중교통을 꿈꾸며

우리는 애초부터 이런 대중교통 환경에 익숙하다. '뭐 당연한 거 아닌가요. 그 정도는 감수해야죠'라고 받아들이는 이도 적잖으리라 본다. 그러나 모든 나라가 다 그렇지는 않다는 걸 알아야 한다. 영국은 저상버스 내부에 유모차 이용자나 휠체어 이용자가 이용하는 공간이 있다. 스페인의 저상버스 내부에도 유모차 그림표지가 함께 부착되어, 유모차를 들고 버스에 타는 게 자연스럽다. 독일도 그렇다. 핀란드에서는 한 걸음 더 나아가 유모차와 함께 탑승하는 여성 승객의 버스요금이 무료다. 요금을 받기보단 아이의 안전에 신경 쓰라는 배려다.[17]

한국에서는? 아기와 함께 대중교통을 이용하는 평범한 엄마가 주변인들에게 '대단한 엄마'라는 칭송을 받는다. 그게 다다. 아이와 함께 대중교통을 타기 힘든 상황을 개선하려는 목소리는 적다. 대중교통을 제쳐두고 자차를 끌고 다니는 엄마들이 많은 것도 그런 이유에서일 거다. 자신은 불편해도 되지만 아이마저 그럴 순 없으니깐.

나도 요즘엔 버스를 타기보다 자차를 끌고 다닐 때가 더 많아졌다.

키와 몸무게가 평균보다 훨씬 많이 나가는 아이를 업고 다니기가 힘들어졌다(아이와 함께 힘겹게 버스에 타면, '엄마가 등치가 좋아서 가능한 일'이라는 소리를 듣질 않나). 대중교통을 이용할 때는 기저귀가방에 알짜배기만 챙겼다면 자동차는 그러지 않아도 됐다. 트렁크에 유모차도 싣고, 여분의 기저귀도 여러 개 넣을 수 있었다. 짐도 마음껏 풍족하게 볼 수 있었다.

한 시각장애인 엄마가 쓴 글을 읽은 적이 있다.[18] 요즘은 아이들의 학원 등하원 시간에 맞춰 엄마들이 자차로 데려다주고 데려오는 게 흔하지만, 본인은 그럴 수 없다고 했다. 이 엄마가 택한 방법은 대중교통 이용하기. 아이가 지하철과 버스를 타면서 어린이집에 다니고 유치원에 다녔는데, 한 번도 택시를 부르지 않았다고 한다. 아이가 피곤하다고 징얼거려도 말이다. 한두 번 택시를 타다 보면 다른 아이들과 비교할까 봐, 의존할까 봐. 이제 아이는 투덜거림 없이 씩씩하게 잘 다닌단다. 모자(母子)의 상황이 짠하게 느껴지다가 반대로 아이들도 쉽고 안전하게 이용할 수 있는 게 대중교통이라면 짠할 일이 아니라는 생각이 들었다.

《사물의 철학》 저자는 '버스'를 이렇게 바라보고 사유했다.

"버스는 대중교통의 핵심이다. 이 사물은 지상의 교통수단 중에서도 몇 가지 다른 면모를 가지고 있다. 그 핵심은 '평등한 좌석'에 있다. 버스에는 일반 승용차와는 달리 '조수석'이라는 개념이 없다. 따라서 조수석 뒷자리는 '상석'이라는 개념도 없다. 어른과 아이의 자리, 남자와 여자의 자리, 사장과 직원의 자리가 따로 없다. 버스 안 승객은 제각각의 목적지를 지녔다. 그러나 버스의 운행노선과 '같은 방향'을 공유함으로써 그들은 '평등한 승객'으로 공존한다."[19]

아이를 낳기 전이었다면 나도 아마 옳다구나 공감했을 게다. 하지만

육아가 유난히 고된 어느 날

아직은 버스가 아이와 엄마에게도 평등하지는 않은 듯하다. 교통 약자인 아이와 부모는 언제 어디에서나 배려받을 존재임이 분명하다. 아이와 함께 대중교통을 이용할 때 적어도 "아이랑 대중교통을 타시다니 정말 대단하세요." 이런 말 들을 일은 없는 사회가 되면 좋겠다.

저는 대단한 엄마가 아닙니다!

아이와 대중교통 이용하기

- 다음 지도에서 제공하는 로드뷰 기능을 이용해 정거장 같은 목적지 주변 정보를 익힌다.

- 버스 관련 앱에 집 앞 정류장 번호를 즐겨찾기 해서 버스도착 정보를 알아둔다.

- 지하철(서울시 기준)을 자주 이용하면 정기승차권을 이용하는 것도 방법이다. 5만5천 원인 지하철 정기승차권을 구입하면 한 달에 44회 요금으로 60회 사용할 수 있다. 기본운임을 기준으로 44번 탈 수 있는 금액으로 16번(2만 원어치)을 무료로 더 타는 셈이다. 정기승차권은 서울전용권과 거리비례용권(이동한 거리만큼 요금이 추가로 부과)으로 나뉘는데 서울전용권은 서울 밖 지역에서 승차 시 제약이 있다. 따라서 서울지역을 벗어나 이동할 경우 거리비례용권으로 구매하는 편이 좋다. 또 정기승차권은 지하철에서만 쓸 수 있고 버스 환승은 불가능하다.

- 티머니 카드를 이용하면 대중교통 이용요금의 2.2%가 적립된다. 버스·지하철 이용금액의 0.2%, 충전금액의 2%(최대 월 1,500마일리지)를 적립할 수 있다. 충전된 티머니는 기존의 충전금과 동일하게 사용할 수 있다. 버스·지하철 등 대중교통뿐 아니라 편의점과 카페, 전통시장 등 전국의 티머니 제휴가맹점에서 사용 가능하다. 단, 마일리지 적립 혜택을 받으려면 반드시 사전에 티머니 홈페이지에서 T마일리지 서비스를 등록해야 한다.

- KTX 코레일톡 어플로 KTX 승차권 예매시 '유아동반석'을 찾아 예매하자. 참고로 KTX는 4세 미만 유아가 어른과 함께 탈 경우 2명까지 75% 할인된 가격에 좌석을 판매한다. 장기간 여행하는 유아들이 부모와 함께 편하게 갈 수 있도록 배려하고 출산 장려를 위해 요금도 할인해주는 제도다.

육아의 신,
'프로 참견러'를 만났다!

관심과 간섭

오늘도 엄마는 좌불안석

아이를 데리고 다니면 아무래도 주변 사람들의 관심을 더 받기 마련이다. 엄마인 나는 "어머 넌 왜 이렇게 귀엽니?" "튼실하다 얘" "눈 큰 것 좀 봐" 등 아이에게 자연스럽게 발현되는 말을 자주 들었다. 낯을 가리지 않는 아이는 자지 않는 이상 그들에게 '방긋' 미소로 센스 있게 화답했다. 좋은 말을 해주셨다는 걸 직감으로 아는 건지.

그동안 들은 말을 분석해본 결과 단골 레퍼토리가 있다. 아이에게 오래 관심을 두는 (처음 뵌) 어른들은 평균 서너 개가량 질문한다. 첫째, 아이의 기본 인적사항을 묻는다. '얘는 몇 개월이에요?' '몇 살이에요?'처럼 나이 파악이 우선이다. 너무 어린 아기면 혹시라도 실수할까 봐 성별도 묻는다. 그리곤 아이의 반응에 '귀엽다' '예쁘다' 해주면서 (가끔은 아이의 손을 잡거나 볼을 꼬집으면서) 슬슬 (진짜) 하고 싶은 말을 꺼낸다. 본론인 셈이다.

다음은 아이가 첫돌을 맞기 전까지 사람들에게 들었던 말이다.

'엄마, 손수건 둘러줘야 해요.'

'엄마, 지금 손수건 두르면 애 목 갑갑해.'

'요즘 같은 때는 더우니까 옷을 많이 입히면 안 되지.'

'실내에는 에어컨이 빵빵하니까 겉옷 챙겨서 다녀야 해.'

'애기 과자 같은 거 없어? 많이들 먹이던데. 마트에서 팔던데. 챙겨 다녀요.'

'아니 우리 때는 이런 과자도 안 먹이고 아무 문제없이 잘 컸는데, 요즘 애들 참 신기해. 그냥 밥풀 같은 거 줘요. 이건 무슨 맛이 나요?'

'노리개 젖꼭지 무는 것 좀 봐. 우리 애기도 이거 잘 물었어요.'

'아직까지 노리개 물려서 어떡하려고 해요. 이거 뗄 때 엄청 힘들어요.'

보다시피 손수건, 옷, 과자 등 하나의 사안을 두고 사람에 따라 극과 극의 반응인 걸 알 수 있다. 아이가 커 갈수록 범주는 더 넓어진다(고 한다). 나는 이런 걸 두고 이렇게 부른다. '관심과 간섭 사이.' 전자는 아이를 곁에 두고 친근한 감정을 나누는 것이지만, 후자는 다르다. 각종 주문과 훈계 등을 듣노라면 무엇이든 엄마 탓으로 돌려버리는 것 같고 타인에게 평가당하는 기분이 든다. 나만 '좌불안석'할 뿐이다.

입 밖으로 내뱉고 싶은 말이 있다.

"지금 제게 책임 전가하시는 건가요?"

'프로참견러'에 맞서 대응하기

사실 관심과 간섭은 경계가 모호하다. 기준을 세우기 어렵다. 앞서 예로 든 말들을 "이건 '관심'이고요 이건 '간섭'이에요"라고 구분할 수 없는 이유는 말투, 화법뿐 아니라 그때의 상황, 분위기 등을 감안해야 하기 때문이다(누군가는 그랬다, 관심이 보살핌이면 간섭은 불신의 표현이라고). 육아에서 어쩌면 가장 힘든 적은 '관심'과 '사랑'이라 읽고 '간섭'이라 느끼는 이 모호한 경계가 아닐까 싶다. 우리의 38선은 경계가 딱 그어져 분명하다지만, 이건 어떠한 범위도 없다. 하필 두 단어의 초성마저 'ㄱㅅ'으로 같다. 그런데 전혀 다른 의미를 지닌다는 게 문제. 상대방에게 영향을 준다는 면에서는 닮았지만, 전자는 긍정적인 결과를, 후자는 부정적인 영향을 끼친다.

간섭하는 이들은 익명의 타인인 내게, 자율성과 특수성을 고려하지 않고 자기 의견'만' 피력한다. 당사자에게 불쾌감만 줄 뿐이다. 게다가 짧은 순간에 그들과 나 사이에는 일종의 '초보 엄마'와 '초보 딱지는 뗀 엄마, 키워본 엄마' '엄마 후배'와 '엄마 선배' 같은 보이지 않는 상하관계가 형성된다. 물론 인정한다. 초보 엄마이기에 관심을 통해 도움 되는 팁도 많이 얻었고, 난 여전히 부족하다는 걸. 문제는 관심이 아닌 간섭으로 느껴질 때다. 여기서 엄마의 대처법이 중요하다. 보통 나는 이랬다. 마음은 속상하면서도 '아 네' 감사합니다' '아 그런 거였어요? 참고할게요' 등 그 상황을 물 흘러가듯 흘려보내려고 했다. 아이를 앞에 두고 '틱'했다고 '떽'할 수 없는 노릇이지 않은가.

최근 인터넷상에선 '육아 프로참견러(pro+참견+er; 육아에 대해 이것저것 참견하며 지적하는 사람)'라는 신조어까지 생겼다고 한다. '프로참견러' '프로간섭러'들! 소리 내서 말하니 웃음이 터져버렸다. '프로'라는 말에서 나름 '육아 전문가' 느낌이 나는 듯해서. 때마침 한 육아 매거진에서 '프로참견러'들에 대응하는 법을 다룬 기사를 봤다. 팁을 추리자면 이렇다.

- 조언과 참견, 참견과 오지랖을 구별해라.
- 상황 회피법 몇 가지를 숙지해두자.
- 소신을 가지고 육아에 임해라.

굳이 귀담아들을 필요가 없다고 여겨진다면 '네 참고할게요' '그럴 수도 있겠네요'라고 정의를 내려주거나, 간섭이 길어지면 "아기 기저귀 갈아줘야 해서요"라고 자리를 피하거나 급하다는 식의 제스처를 취하라는 것. 내가 취한 행동과 크게 다르지 않다.

그 기사에서 밑줄 긋고 읽은 곳은 그런 말을 들었다고 너무 마음 쓰지 말라는 구절이었다. 결국, 자식을 잘 아는 사람은 부모이고, 초보라서 서툴 수도 있지만, 천천히 가더라도 옳은 길을 찾아가기 마련이라는 것이다. 맞는 말이다. 엄마야말로 찾을 만큼 찾아보고, 고민할 만큼 고민하고 있다. 주변인의 조언이나 참견은 단지 타인의 의견일 뿐, 엄마인 내가 틀린 육아를 해서가 아니라는 사실을 인지하는 것! 그게 '프로참견러'들 사이에서 내가 지녀야 할 태도였다.

여전히 간섭러들을 만나면 아쉽다. 그들과 나 사이의 간격을 메울 수 없을 것 같아서. 아직 우리 사회는 상대를 향한 관심을 상대에게 도움 되는 방식으로 표출하며 표현과 자제의 경계를 익히는 연습의 흔적이 보

육아가 유난히 고된 어느 날

이질 않아서.

　어쩔 수 없다. 계속 신경을 써야겠다. 나 역시 '프로참견러'가 될 수 있고, 진즉에 됐을 수도 있으니까. 상대방을 배려하고 있다는 내 생각이 오히려 상대방에게 고통을 주고 있진 않은가. 엄마들에게 쉽게 돌을 던지지 말자.

아이 맡기는 엄마,
내 아이를 잘 부탁합니다

돌 봄

'할머니 육아노동', 시샘하다

오랜만에 친정에 갔다. 오전 11경, 잠시 볼일이 있어 엄마에게 아이를 부
탁하고 약속 장소로 발걸음을 서둘러 옮겼다. 아파트 단지를 빠져나오려
는데 '진풍경'을 봤다. 50대 후반, 60대 중반에서 70대 초반으로 보이는
할머니 넷이 한 곳에 모여 아이를 업고 있는 게 아닌가. 둘은 포대기, 둘
은 아기 띠를 한 채. 서로 이야기 나누는 걸 봐선 처음 보는 사이가 아닌
듯했다.

　'조부모 양육시대'라고 언론에서 떠들어대는 게 사실이었다. 저출산
늪에 빠진 한국사회를 지탱해주는 건 정말 '할머니 육아노동'의 힘이었
다. 적응이 안 됐다. 내가 사는 곳은 강원도 원주 끝자락 군부대. 대부분
의 엄마가 홀로 '전투독박육아'를 하고 있다. 조부모는 물론 다른 누구에
게 아이를 맡기는 게 쉽지 않은 곳이다.

　　　　　　　　　　　　　육아가 유난히 고된 어느 날

아이가 5개월 됐을 무렵이었나? 일주일에 한 번, 2~3시간이라도 아이를 맡기고 싶어 '아이돌보미'를 관할하는 센터에 전화하니 이런 대답이 돌아왔더랬다. "아, 우선 저희가 원하는 서류를 보내주셔야 해요. 그런데 거기 위치가 워낙 멀어서 가실 선생님이 있으실지 모르겠어요. 예전에는 있긴 했는데 저희도 찾아봐야 해요." 담당자의 뜨뜻미지근한 대답에 소심해진 나는 상처 아닌 상처를 받았다. '그래, 군부대라 출입증 절차도 받기 까다롭고 어려운데 오겠어? 나 같아도 안 오겠다. 정 맡겨야 하는 상황이 올 때 다시 연락해보든가 친정이나 시댁에 도움을 청하자.' 자문자답. 혼자 결론 내렸더랬다.

친정 부모님이 거주하시는 아파트에서 '조부모 무리'를 보고 있노라니 묘한 질투가 났다. '저 아이들의 엄마는 어디에 있을까? 평일 오전이니 일하러 나갔나? 나는 이러지도 저러지도 못하는 상황인데.' 뒤늦게 다시 육아하느라 힘들 조부모의 모습보다 아이를 맡길 형편과 여건이 되는 부모가 부러웠다.

2주 후 다시 친정에 왔다. 엄마에게 미주알고주알 얘기하며 부탁했다. 한동안 머물겠노라고. 그 말인즉슨 "잠깐잠깐 아이 좀 봐주십쇼"였다. 편할 줄 알았다. 발 뻗고 편히 잘 줄 알았다. 친정엄마, 나, 우리 아이. 모두 정과 혈연으로 뭉친 관계 아니던가. 그러나 엄마는 생각보다 몸이 좋지 않았고, 아이는 칭얼거릴 때가 많았다. 보채는 아이, 힘들어하는 엄마 사이에서 나는 두 사람 눈치 보기에 바빴다. 아이가 친정엄마를 피곤하게 했을까 봐, 아이도 잠깐이지만 내가 없어서 외로웠을까 봐. 그리고 무서웠다. 결정적으로 "애는 엄마가 키워야지"라는 말이 친정엄마의 입에서 나올까 봐.

엄마에게 내 아이를 부탁하는 건 그리 간단한 일이 아니었다. 자세히 들여다보니, 조부모와 양육 스타일이 달라서 어려움에 봉착한 엄마가 한둘이 아니었다. 엄마가 오롯이 혼자 아이를 보기도 쉽지 않지만, 친정·시댁에 아이를 맡기더라도 훈육, 양육비, 대화법, 노후, 공부 문제 등으로 갈등을 빚는 경우가 파다했다. 예상치 못한 상황이 '수두룩 빽빽'이었던 거다.

엄마들의 육아지원군, 죄송하고 고맙습니다

그럼 '베이비시터'를 고용하면 좀 달라질까. 예전 직장에서 함께 일한 선배 기자가 생각났다. 선배는 출산 3개월 만에 복직해야 했다. 그래서 아이를 낳은 지 얼마 안 돼서부터 베이비시터 면접을 보기 바빴다며, 지금이야 마음에 드는 베이비시터를 찾았지만, 그 과정이 녹록지 않았다고 말한 기억이 났다. 선배는 유명한 베이비시터전문 구인구직사이트에서 사람 찾는 일부터 넘어야 할 '산'이었다고 했다.

"어느 정도 검증된 인력풀이 갖춰져 있겠지 하는 믿음과 기대감이 있었죠. 돈을 더 내고서라도 원하는 경력, 지역, 나이, 급여 등을 체크해서 5명 정도 면접을 봤어요. 경력을 속인 분이 적지 않았는데 그러면서도 급여는 세게 부르더라고요. 다른 업체와 겹치는 경우도 많았어요. 나중에 알고 보니 그런 사이트가 구직자에게 돈을 받는 게 아니라 구인자들에게 받더라고요. 시터를 희망하는 사람들은 공짜로 등록할 수 있으니 여기저기 올리고 보는 거죠. 그렇다고 신원 보증이나 경력 검증이 되는 것도 아니었고요."

육아가 유난히 고된 어느 날

선배는 두 번째 방법으로 한 기관에서 베이비시터를 추천받아서 면접을 진행했다. 그들은 건강진단서와 주민등록등본 등을 챙겨오고 준비가 철저했다. 그런데 그게 또 불편함을 야기했다고 한다.

"어차피 전 아이만 잘 봐주면 그만이지, 살림 같은 건 부탁할 생각도 안 했고 아이 관련된 살림조차 부탁할 생각 없었거든요. 그런데 처음부터 전 살림은 안 합니다, 식사는 챙겨주셔야 해요, 휴식시간 보장해주세요. 이런 식으로 본인의 권리를 칼같이 주장하더라고요. 뭐 그분 입장에서는 우리 집에 오는 게 출근이고 직장이니 이해할 수 있었어요. 그런데 자꾸만 본인의 육아 방식을 저에게 가르치려 하셨어요. 본인이 그렇게 교육을 받아서 그 방식만 바르다고 믿는 분 같았어요. 그래도 뭐 별다른 사람 있나요.

그분을 채용하기로 결정하고 5월부터 출근하시기로 했는데, 4월 말쯤 갑자기 재택알바를 하나 하느라고 애 봐줄 사람이 필요해졌어요. 그분에게 하루만 미리 와주실 수 있느냐고 물었더니 흔쾌히 와주셨죠. 그런데 어쩜 아기가 이렇게 혼자 안 누워있냐며, 아기가 누워 잘 때 본인도 쉬는데 이렇게 안 자면 못 쉰다며 하소연하셨어요. 당시 우리 아이는 계속 안아줘야 해서 면접 때도 그 부분을 충분히 말씀드렸어요. 그래서 인지하신 줄 알았는데. 다른 걸로도 시시콜콜 불평하시고. 그러더니 퇴근한 다음 날 대뜸 문자가 오더라고요. 'ㅇㅇ 엄마, 다른 시터 구하세요. 미안해요.' 검증된 기관이라고 해서 꼭 좋은 시터가 오라는 법은 없더라고요. 교육이나 경력 여부와 시터의 인성이 정비례하진 않았고요."

그 이후 아파트카페에서 베이비시터를 소개받은 선배는 현재 그분이 만족스럽다고 했다.

"제가 다른 베이비시터 구할 생각 안 하고 계속 그분을 썼다면 악몽같이 불편한 시간이 얼마나 더 이어졌을지 생각만 해도 끔찍해요. 주위에서 베이비시터를 구하겠다고 하면, 시간이 촉박하거나 급여문제 등을 이유로 뭔가 개운하지 않은데 마지못해 고용하기보다는 시간이 오래 걸리더라도 진짜 나랑 맞는 사람을 찾아내라고 하고 싶어요. 제2의 가족이 되는 거잖아요. 내 아이의 또 다른 양육자이기도 하니, 쉽게 결정할 문제가 아니에요."

그렇다면 아이를 맡길 때 마음은 편해졌을까. 아니었다. "아무리 시터 이모님이 좋아도 애 맡기는 입장에서 죄인처럼 작아지는 것은 어쩔 수 없나 봐요. 우리 아이는 아직도 안아 재워야 하고 유독 관심을 필요로 하는 아이라서 이모님이 힘들고 스트레스받으실까 봐 늘 노심초사해요. 밖에 나갔다 오면 뭐라도 사다 드리고 그래요."

아이가 어느 정도 커서 어린이집에 보낸다는 엄마도 마찬가지였다. "수첩에 아이들과 사고 친 이야기, 통제하기 어렵다는 이야기가 적혀올 때면 아이가 미움받을까 봐 두려워져요. 어린이집 선생님 노동이 어마어마하잖아요. 그렇다고 보수를 많이 받으시는 것도 아니고. 케이크라도 사다 드리고 싶은데 '김영란법' 이후 그런 걸 드릴 상황도 안 되니 힘들어요."

결국, 어떤 방법으로 아이를 맡기든 엄마는 약자고 죄인이었다. 충돌이 일어나면 바닥으로 주저앉는.

나에게도 아이를 맡길 곳이 필요한 상황이 생기고 말았다. 매번 친정에 갈 수 없는 노릇. 결국, 아이돌보미 센터에 직접 찾아가 등록하고 돌

육아가 유난히 고된 어느 날

봄 선생님을 종종 구하게 됐다. 군부대라 오기 힘든데 와주셔서 감사하다고 거듭 인사했다.

몇 년 전 안방극장을 점령한 드라마 〈응답하라 1988〉에서 선우 엄마는 일하러 갈 때마다 딸 진주를 이웃집 엄마들에게 맡겼다. 진주는 이웃집에서 먹기도 하고 자기도 하며 그렇게 컸다. 동네 엄마들은 거리낌 없이 진주를 돌봐줬다. 그 시절에는 그랬다. 이웃사촌이라는 말이 무색하지 않았다. 어려울 때 서로 도왔고, 무슨 근심 걱정이 있는지 서로 다 알았다. 이웃집 엄마들은 든든한 육아 지원군이었다.

30년 가까운 시간이 흐른 지금의 육아 풍경은 참 많이도 변했다. 옆집에 누가 사는지 모르는 사람이 부지기수. 엄마들은 대개 문을 닫고 홀로 아이를 돌본다. 이런 상황에서 남의 손에 내 아이를 맡기란 매우 어려운 일이다. 비용을 들일지라도.

급격한 산업 발달로 과거보다 먹고 살기 좋아졌다. 첨단 기술로 무장한 도시에서의 삶은 편리하고, 안정된 듯 보인다. 하지만 내 아이를 남의 손에 맡기는 문턱은 해가 갈수록 높아지고 있다. 오늘도 엄마들의 한숨은 깊어질 뿐이다.

독박 육아 대신 엄마들과
이유식 만들기

공동육아

모유 수유 다음으로 고민되는 건 이유식 만들기였다. 아이에게 허연 이가 하나둘 나자 정신이 번쩍 들었다. '지금은 분유에 의존하지만 너 역시 밥과 반찬으로 끼니를 해결할 때가 오겠지.' 이유식은 앞으로의 식생활을 위한 일종의 적응훈련 과정이다. 한데 내 마음가짐만큼은 달랐다. 어떻게 보면 젖이나 분유를 먹는 시기에 먹는 이유식은 보조식에 지나지 않는 셈인데, 왠지 내가 먹는 한 끼 식사보다도 더 잘 준비해야 할 듯했다.

싱크대 앞에서 매일 고심했다. 영양은 풍부할까? 이렇게 만들어도 되는 걸까? 모든 재료를 친환경으로 만들었다는 시판 제품도 사 먹여 봤다. 아이는 대체로 잘 먹었지만, 마음 한편이 찜찜했다. 초기 이유식에서 중기 이유식으로 넘어갈 즈음에 장을 보러 갔다 친환경 유기농산물 등을 파는 한살림에서 '이유식 소모임'이 생겼다는 공지를 발견했다. 이름도 그럴싸했다. '엄마 맘마'.

이유식 공동육아 모임은 보통 이렇게 진행됐다. 일주일에 한 번 모임

육아가 유난히 고된 어느 날

을 하기 하루 전, 메뉴를 정한다. 당일 모임지기장은 걷어둔 회비로 이유식에 필요한 장을 본다. 조리실에 모여 재료를 푼다. 그다음은? 될 대로 만든다. 이유식이 완성되면 각자 가져온 그릇에 소분해간다. '되는 대로.' 대체 어떻게 만드느냐? 핵심은 단순! 눈치껏 행동하면 된다.

아이들은 저마다 개월 수가 조금씩 다르고 발달 단계가 참 다양했다. 한 아이가 누워서만 잠을 잔다면, 다른 아이는 식탁에 손을 대고 앉았다 섰다를 반복했다. 또 다른 아이는 기는가 하면 걷기도 했다. 한 엄마가 아이들을 돌보면, 다른 엄마는 새우 내장을 제거하고 애호박과 양파를 잘게 다졌다. 또 다른 엄마는 아이를 재우고 나선 소고기 핏물을 빼고, 야채 육수를 만들었다. 그러다 아이가 칭얼거려 엄마를 찾으면, 다른 엄마에게 하던 일을 넘기고 아이에게 갔다. 엄마들이 조용한 클래식 음악을 틀고 흥얼흥얼 허밍하며 이유식을 만드는 게 가당키나 한가. 10여 명의 엄마와 네다섯 명의 아이가 한 공간에 모였으니, 조리실은 그야말로 전쟁터가 따로 없었다.

우리는 이런 말을 수시로 했다. "땡땡이 운다. 엄마 찾아." "땡땡아 엄마 갈게. 당근만 조금 더 다지고." "땡땡이 과자 먹여도 돼? 배고픈 것 같은데?" "응 땡땡이 그거 줘. 이거 육수 다 된 것 같은데, 불 끌까 봐." 상상이 가는가. 아마 해보지 않으면 모를 것이다. 좌충우돌 이유식 공동육아. 전기밥솥 취사 버튼을 누를 즈음엔 모두 녹초가 되었다. 그리곤 자연스레 꺼냈다. 당 충전을 위해 사 온 엄마들의 간식을.

각자 특별히 정해진 역할은 없었으나 누구의 자녀인지를 구분하지 않고 '모두의 자녀'라는 마음으로 서로 돌보며, 이유식을 만들었다. 신기한 건, 어떻게든 완성이 된다는 점이었다. 그 자리에서 만든 이유식을 아이

음식 만들랴

아이밥 주랴

정신없었지만,

재밌었던

이유식 만들기.

에게 먹여보며 두근거림을 함께 느끼고, 집에 와서 먹였을 땐 단체 톡으로 반응을 나눴다(우리가 '실패'라고 생각했던 분유리조또 이유식! 잘 먹는 아이가 있었다).

단지 이유식을 만드는 데 그치지 않고 서로 정보를 공유하는 장도 형성되었다. 둘째 이유식을 만들러 온 선배 엄마들은 어떻게 만들면 아이가 더 잘 먹는지 비밀 레시피를 선뜻 공개했고, 천연화장품과 비누 자격증을 취득했다는 엄마는 재능기부를 약속했다. 모임에서 총무를 맡기로 한 나는 찍어온 사진과 레시피를 정리해 공유했다.

양질의 재료를 공수하는 스피드, 메뉴 선정을 하는 치밀함, 고기와 채소를 다듬는 근지구력과 대담함. 아이의 이유식을 만들면서 내 경험의 폭을 넓혀가는 건 참 뿌듯한 일이었다. 무엇보다도 혼자서는 막막했던 일들도 여러 명이 모이니 덜했다. 밥 분량을 맞추기 어려워 예측 불허의 재미도 있었지만, 갑갑했던 마음이 사라졌다. 서로가 서로에게 위안이 되고 지원군이 됐다. 그러다 보니 아이에게 이유식을 주면서도 아이가 못 먹든 잘 먹든 시험 보는 듯, 초초했던 마음이 온데간데없이 사라져 버렸다. 천천히 여유 있게 먹이는 것도 이상하리만큼 잘 됐다.

이유식 모임이 있는 날이면, 남편은 자꾸만 아이의 이유식을 탐냈다. 그릇에 담긴 이유식을 신줏단지 모시듯 하며 겨우 한 입, 두 입을 줬더니 본인도 이유식을 해달라고 투정을 부렸다. 남편의 퇴화 현상만 빼곤 모든 것이 완벽했다.

이유식 공동육아 모임 만들기 팁

1. 공간: 아이들은 놀고 엄마들은 요리할 수 있는 공간이 필요하다. 나 같은 경우 한살림에서 제공하는 모임방을 부엌 조리실 삼아 모였지만, 그럴 공간이 없다면 모임 구성원의 집마다 돌아가며 모여도 좋을 듯하다.

2. 사람: 요리를 잘하는 사람보다 내 아이에게 정성이 들어간 음식을 먹이고 싶은 엄마들끼리 모이는 게 좋다. 아무것도 안 하는 사람보다 열심히 참여하려고 하는 사람이 낫다.

3. 비용: 매달 초에 회비를 걷어 운용하는 편이 효율적이다. 우리는 한 가정당 만 원을 넘기지 않는 선에서 준비했다. 남는 비용은 간식비로 썼다.

4. 운영: 매달 주도적으로 모임을 이끌어 갈 모임지기장과 모임지기장을 돕는 총무를 뽑았다. 이유식 종류와 식재료는 모임 전 문자메시지로 상의했다. 물론 저마다 스스로 자기 역할을 찾으면서 이유식을 만들었다.

아이들이 가장 좋아한 이유식 레시피

[소고기 청경채 진밥]

이유식 준비물(180ml*3회분 기준): 불린쌀 75g, 당근 30g, 청경채 30g, 무 20g, 소고기 50g, 콩비지 100g, 물 375ml

육수 준비물: 양파 1개, 당근 1개, 무 1/2개, 소고기 50g

① 쌀을 씻어 30분가량 불려놓는다.

② 소고기는 찬물에서 30분쯤 담가 핏물 제거한다.

③ (육수 만들기) 깐 양파, 껍질 벗긴 당근과 무, 소고기를 넣고 펄펄 끓인다. 채반 위에 끓인 채소를 받쳐 육수를 받아둔다.

④ 전기밥솥에 불린 쌀과 육수를 먼저 안치고 꼭지 부분을 제거한 청경채, 채썬 당근과 무,

다진 소고기, 콩비지를 넣는다.

⑤ 전기밥솥의 만능찜 기능을 선택해 40분으로 설정해준다.

⑥ 취사 완료 후에 밥솥을 열고 주걱으로 골고루 저어준다.

⑦ 그릇에 소분해 옮겨 담는다. 완성!

[배 고구마 볼 핑거푸드]

준비물: 고구마 3개 (약 250g), 배 1/2개

① 껍질을 벗긴 고구마(감자칼 사용)를 깍둑썰기한다.

② 찜기틀 위에 ①을 올려두고 찐다.

③ 찐 고구마를 으깬다.

④ 으깬 고구마에 잘게 썬 배를 넣고 골고루 섞는다.

⑤ 아기 입에 들어가기 좋은 크기로 동그랗게 모양을 낸다. 완성!

폰 '만' 보는 엄마?
폰 '덜' 보는 엄마!

핸드폰

코 박고 폰 보던 엄마

나에게 새로운 취미가 생겼다. 일명 '엄마 관찰하기'. 아이를 키우는 엄마들의 모습을 살펴보는 것이다. 안다, 알고말고. 이 흉흉한 세상에 그런 행동을 하면 스토커로 오해받기 십상이다. 그래서 나름의 기술을 익혀 '힐끔' 본다. 소아과에서, 카페에서, 음식점에서, 횡단보도에서 스쳐 지나가는 수많은 엄마를. 힐끗힐끗.

처음엔 가깝게 지내는 아들 또래 엄마가 몇 사람 없다 보니 '눈동냥'이라도 무언가를 얻으려고 했다. 우는 아이를 달래는 엄마, 아이에게 과자를 주는 엄마, 유모차를 끄는 엄마 들을 보면 아이가 귀엽기도 하고 엄마가 짠하기도 했다. 알지는 못해도 '육아 동지' 아닌가.

그럼 '엄마 관찰하기' 리포트를 발표해보겠다. 우선 저마다 키우는 모양새가 조금씩 달랐다. 허무하다. 이게 끝인가? 아니다. 조사 과정에서

육아가 유난히 고된 어느 날

얻은 게 있다.

　단순한 호기심에서 관찰을 시작했지만, 이 모습만큼은 좀 충격적이었다. 핸드폰을 두고 줄다리기하는 엄마와 아이들이 정말 많았다. 뺏고 다시 가져오고 반복×100. 아니다. 반복×1000! 그야말로 곳곳에서 '폰 전쟁'이 일어나고 있었다. 쥐여 주면서 잠시 휴전을 선포한 엄마도 여럿 봤다. "그래, 뽀로로 봐. 핑크퐁 틀어줄게. 아니면 타요 틀어줄까?" 다 알아듣는 나도 신기하다.

　얼마 전 포털사이트 메인에 뜬 포스팅 하나에 몇백 개의 댓글이 달렸다. 상담사인 엄마가 아이들에게 핸드폰을 보게 하는 문제와 관련해 글을 올렸는데, 엄청난 논란의 장(場)이 되었다. 처음부터 보여주지 말 걸 하고 후회하는 엄마들, 보여주는 게 뭐 어떠냐는 엄마들, 이렇게 하면 좀 낫다는 엄마들. 핸드폰이 육아 전쟁의 도구가 되어버린 현실이 무척 씁쓸했다. 물론 선배 엄마들의 다양한 견해를 존중한다. 옳고 그른 걸 알아도 실전에서는 도무지 통하지 않아서 최후의 방법으로 내놓는 경우도 많을 테니까. 나 역시 훈육, 아이 성향 모두 '케바케'(케이스 바이 케이스)란 걸 알아가고 있으니까.

　그럼 이건 어떨까? 반대로 엄마들의 핸드폰 사용 문제를 생각해보자. 같은 '육아 동지'로서 한번 용기 내 글을 써본다. 난 엄마 관찰을 시작한 지 몇 분도 안 되어 아이를 옆에 두고 얼굴을 숙인 채 스마트폰에 열중하는 엄마들을 쉽게 볼 수 있었다. 어떤 아이의 눈은 조금 슬퍼 보였다 (엄마에게 오래 기다렸던, 중요하거나 다급한 문자가 왔을 수도 있고, 나름의 사정이 있었을 수 있다). 토닥토닥해주고 싶을 만큼. '엄마 나를 안 보고 어딜 보는 거예요?'

조리원에서 유축을 하면서도

핸드폰을 놓지 않았던 나.

언젠가 친정엄마가 이런 이야기를 했다.

"나는 우리 엄마(나에겐 외할머니)가 정말 딱하고 짠해. 엄마는 일밖에 모르고 살다 가셨어. 노인네, 만날 고생스럽게 농사짓고, 허리도 아픈데 농사한 걸 또 장에 내다 팔고. 엄마 생각하면 항상 일하느라 급급했던 모습만 기억나. 본인은 돈 버는 재미가 있으셨겠지만. 나는 훗날 네가 '기도하는 엄마'로 나를 기억했으면 좋겠어."

그날부터 묵주를 들고 기도하는 엄마의 뒷모습을 좀 더 유심히 보게 되었다. 종교를 떠나 자식들 잘 되기를 바라는 그 마음이 참으로 고마웠다(엄마가 되고 나서야 알았다). 엄마의 뒷모습은 묘한 아우라가 뿜어져 나왔다.

흠, 그럼 난? 착한 엄마, 완벽한 엄마는 아니더라도 적어도 '폰만 보는 엄마'는 되고 싶지 않았다. 나로 말할 것 같으면, 결혼 전에는 직장생활을 하며 '단체톡'에 매여 있었다(그게 싫다고 투덜거리던 나였다).

그런데 집에서 아이를 보다 보니 나 스스로 매이고 있었다. 솔직하게 말하면 '카페인 우울증'(SNS를 보면서 상대적 박탈감을 느끼는 현상)도 있었다. 그래도 끊을 생각은 안 했다. 육아로 닫힌 '사회적 관계망'을 각종 톡 대화에서 찾으려고 했나 보다. 물론 그 허함은 SNS로 충만히 채워지지 않았다. 수많은 육아 정보에 피곤해졌고, 나 빼고 다 잘하는 것 같은 파워 육아 맘들과 자연스레 비교도 됐다.

퇴근한 신랑과 얼굴을 맞대고 대화를 나누기보다 코 박고 폰을 보는 모습을 더 보여줬다. 보다 못한 신랑이 말했다. "그것 좀 그만 보고 나 좀 보면 안 될까?"

디지털 디톡스, 허핑턴포스트 창업자도 도전?

그래서 한 달을 목표로 끊어봤다. 전문용어로 '디지털 디톡스(디지털에 '독을 해소하다'의 의미인 '디톡스'를 결합한 말)'라고나 할까. 네이버 지식백과 시사상식사전에는 디지털 홍수에 빠진 현대인들이 각종 전자기기 사용을 중단하고 명상, 독서 등을 통해 몸과 마음을 회복시키자는 것을 말한다고 나와 있지만, 너무 어렵다! 다 필요 없고 실행부터 해보자.

우선 애플리케이션 관리에 들어가서 '카카오톡'을 삭제했다. 후딜딜. 고민 좀 했다. 카카오톡을 삭제하면 모든 관계가 단절될까 봐 PC 카톡은 남겨뒀다. 센스 있게 프로필 이름 수정하기! "카카오톡 늦게 봅니다. 문자나 전화가 빨라요." 인스타그램, 페이스북도 탈퇴!

처음에는 불안했다. 아이와 외출하면서 문자나 전화가 안 왔는지 습관처럼 확인했다. 문제의 해결은 신랑이 기념품으로 어딘가에서 받아온 '샤오미 밴드'에서 찾았다. 이 밴드에는 기기와 연동하면 전화가 올 때 진동이 그대로 느껴지는 기능이 있다. 반대로 진동이 오지 않으면 내 핸드폰은 조용하다는 방증이다. 그제야 가방 앞주머니에 핸드폰을 넣어뒀다. 수시로 쳐다보는 증세가 사라졌다. 길을 걸을 때는 절대 보지 않았다. 어렵지 않았다. 왜? 진동이 안 와서. 신기하게도 이제는 팔찌를 착용하지 않아도 안 보게 된다. 적응된 게다. 문자, 전화로도 충분히 연락이 오더라.

핸드폰 사용량을 알려주는 앱도 깔아봤다. 사용량이 대폭 줄었다. 육안으로 확인하니 뿌듯하기도 했다. 지난 주말엔 가족끼리 1박 2일로 여행을 떠나면서 보조배터리, 충전기를 챙기지 않았다. 그래도 집에 온 다

육아가 유난히 고된 어느 날

음 날 오후 11시가 되어서야 0%가 됐다. 핸드폰을 덜 보니, 아이를 보는 시간에 더 집중하게 됐다. 영화관에서 입이 심심해서 팝콘을 자연스레 먹듯 무의식적으로 폰을 수시로 ON-OFF 했던 내가 말이다.

아이가 잘 때는 책이나 좋은 생각 같은 심신에 좋은 잡지를 보며 여유를 부리기도 했다. 그동안 갉아 먹히던 시간이 사라지자 온전한 내 시간, 즐길 시간도 마련됐다. 엄마 휴가가 필요하다고 그토록 외쳐왔는데. 가만 보면 SNS를 과도하게 사용하는 게 엄마 건망증을 더 재촉한다. 인스타그램 조금 보다가 아이가 울면 달래러 가고, 분유 타러 가고. 아이를 곁에 두고 집중력을 순식간에 뺏어버리는 도구와 함께했다니! 심지어는 SNS를 하다가 아이로 인해 흐름이 끊기면 괜스레 짜증을 내기도 했다.

미국 영향력 1위 온라인 매체 허핑턴포스트 창업자 아리아나 허핑턴은 '디지털 디톡스'에 대한 글을 이렇게 올렸다.

"지난 주말 나는 나 자신을 기술 문명으로부터 완전히 차단했다. 페이스북, 트위터 그 어느 곳에도 로그인하지 않았고 어떤 사진도 인스타그램을 통해 공유하지 않았다. 그러고선, 월요일 출근길에 운전하며 내가 느끼는 감정에 대해서 놀라지 않을 수 없었다. 나는 달라졌음을 느꼈고 마음이 안정되고 평온했다. 그리고 커뮤니케이션 비즈니스를 하는 입장에서 나의 깨달음을 많은 이들과 나누고 싶었다. (중략) 그렇다고 내가 기술 문명 기피증 환자나 하이테크 혐오자가 되겠다는 건 아니다. 오히려 정반대다. 떨어져 있으면 더욱 애틋해지는 법. 월요일 나는 사람들이 도대체 주말 동안 무엇을 하고 지냈는지, 또 누가 나와 연락하려고 했는지 더욱 관심을 두게 되었고, 직접 대답도 해 줄 수 있는 여유가 더 생겼다. 나는 이제 방정식에 추가할 만한 새로운 가치가 있다. 바로 나 자신을 존중할 가치."[20]

꽤 공감이 가는 내용이다. 인터넷 매체를 창업한 사람조차 이런 결단을 내렸다니.

'엄마 관찰' 성과는 만족스러웠다. 다른 엄마들의 모습을 보며 나 자신을 돌아보았다. 유리창은 투과하고 거울은 반사한다. 다른 엄마들의 모습은 나를 비추는 거울이었다.

SNS를 단칼에 끊지 않더라도 자신에게 맞는 수위, 강도를 조절해보면 어떨까. PC 카톡으로 자기 전에만 보는 걸 원칙으로 한다든지, 일주일 또는 한 달간 사용 안 하는 기간을 정한다든지. 모든 것을 완전히 꺼놓은 후 엄마만의 시간을 오롯이 즐겨보는 거다. 폰 덜 보는 엄마, 도전! 그대들의 디지털 디톡스가 성공을 거두기를, 그리고 이 좋은 경험을 널리 공유하기를.

어쩌다 올린 아이 사진…
어쩌면 '주홍글씨' 될 수도

SNS

엄마 프로필 사진은 당연히 아이 사진?

얼마 전 한 엄마가 블로그에 이런 글을 올렸다. "앞으로 모든 사진을 전부 '이웃 공개'로 바꾸려고 합니다." 그녀는 익명성이 보장되는 공간이라서 안일했다며, 지금이라도 아이의 사생활 노출에 신경 쓰겠다고 했다. 그녀가 자녀와 관련된 사진을 찍어 SNS에 올리는 '셰어런츠(sharents:Share+Parents·아기를 공유하는 부모)'에서 벗어나 '하이드런츠(Hide+Parents·아이의 사생활에 대한 내용을 감추는 부모)'를 자처한 이유는 아이의 개인정보가 공개되어 위험해질 수 있다는 것이다.

실제로 국내외를 불문하고 SNS에서 얻은 정보를 이용한 아동 범죄가 늘고 있다. 한 엄마는 공공 야외수영장에서 노는 딸의 모습을 스마트폰으로 찍어 페이스북에 올렸다가 얼마 뒤 딸의 사진이 아동포르노 웹사이트로 유통된 사실을 경찰 수사관에게서 듣게 됐다고 한다.[21] 소셜 사이트를 돌아다니면서 어린이 사진을 수집해 팔아넘긴 이들이 있었던 것이다. 어떤 육아 블로거는 '같은 아파트에 사는 이웃사촌, 자녀의 연령대도 비슷하다'고 친근하게 접근해온 여성을 오프라인에서 만났다가 귀중품을 도둑맞았다고 했다. 알고 보니 그 여성은 전과 7범의 사기꾼이었다.

지난 2월에는 서울 송파구 아파트 단지 내 어린이집에서 한 중학생이 아이를 불러내 납치하려던 사건이 일어났다. 일면식도 없는 아이를 불러낼 수 있었던 것은 어린이집 현관 밖 생일 명단을 적은 게시판 때문이었다. 다행히 교사가 아이 부모에게 전화로 확인한 뒤 경찰에 신고해 피해를 막았지만, 그렇지 않았더라면 어떤 일이 벌어졌을지 모른다. 송파구청은 이 사건 후 송파구 관내 어린이집에 원아의 신상정보가 외부로 노출되지 않도록, 시설 게시판과 홈페이지에 개인정보를 올리지 말라고 당부하는 공문을 내려보냈다고 한다.

상황이 이렇다 보니 법적 차원에서 아동의 사생활을 보호하는 방안이 나오고 있다. 프랑스에서는 부모가 자녀의 동의 없이 SNS나 블로그에 사진을 올리면 자녀가 부모를 상대로 소송할 수 있고 최고 징역 1년형과 4만5천 유로(약 6,000만 원)의 벌금을 물리는 개인정보보호법을 시행할 예정이라고 한다. 부모가 자녀에게 소송을 당하는 건 최악의 일이지만, '아이 사진' 역시 '부모의 소유' '권한'이라고 당연하게 생각하는 태도 역시 문제가 아닐까.

예전에 결혼하지 않은 선배가 우스갯소리로 이런 말을 했다. "아이가 있는 친구와 없는 친구의 차이점은 SNS를 보면 알아. 지들 사진은 없고 온통 지 자식 사진들뿐이야. 너도 그렇게 될 걸?"

육아가 유난히 고된 어느 날

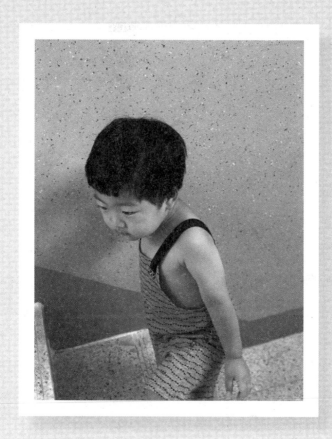

"엄마,

한 번만

다시

생각해주세요."

사진 올리기, 한 번만 더 생각하기

맞다. 나 역시 그랬다. 아이 사진을 SNS에 올리면서 내심 이렇게 생각했다. '우리 아이 이쁘죠? 잘났죠? 잘 크고 있죠?' 이런 마음에 더, 더, 더 잘 나온 사진을 고르고 있었다. 그건 우리가 얼마나 아이를 사랑하는지, 잘 키우는지 표현하는 수단이기도 하니까. 게다가 SNS는 자주 얼굴을 맞대고 살지 못하는 친구, 친척, 지인과 소통하기 딱 좋지 않은가.

그런데 요즘엔 드문드문 사진을 올릴 때마다 멈칫한다. 앞에서 언급한 여러 사건이 남 일처럼 느껴지지 않아서다. 폰 하나만 있어도 너무 쉽게 '잘' 찍을 수 있는 환경과 너무나도 올릴 '곳'이 많은 상황 때문에 SNS가 '전파와 공유의 목적을 가진 매체'라는 점을 놓치고 있었다.

필터를 전혀 거치지 않은 사진도 더러 봤다. 신생아를 목욕시키는 사진을 모자이크 없이 SNS에 올린 부모들을 보며 깜짝 놀란 적이 한두 번이 아니다. 아이가 나중에 "불쾌합니다! 지워주세요!"라고 말하지 않을까. 내가 그 아이의 부모도 아닌데 괜스레 걱정스러웠다.

반대로 나도 소싯적엔 남의 아이를 놓고 이러쿵저러쿵했다. 버튼만 누르면 혹은 손으로 슬라이딩만 하면 캡처와 저장이 쉽게 되는 세상인지라, 친구들끼리 "얘 애 낳았네?" "딸인데 아빠 닮았네" 이런 말을 서슴없이 주고받았다. 내 아이 사진도 그렇게 캡처되어 마구잡이로 돌아다닐 수 있다는 건 모르고.

물론 보고 또 봐도 예쁜 내 새끼에게 '이쁘다'고 말해주고 '좋아요'를 누르는 걸 싫어하는 부모는 없을 터다. 다만 워낙 흉흉한 세상인지라 부모가 먼저 경각심을 가져야 하는 면도 있다.

육아가 유난히 고된 어느 날

무엇보다도 아이는 나와 다른 하나의 인격체니까. 아이가 말을 하고 자기 생각을 표현하는 시기 훨씬 전부터 아이에겐 사생활과 사적 공간을 보장받을 권리가 있으니까.

훗날 아이가 "응, 엄마 올려도 괜찮아!"라고 쿨하게 말하더라도, "세상 모든 사람을 잠재적 범죄자로 보느냐?"라는 반박과 비난을 들을지라도 아직 뭘 모르는 내 아이를 위해 잠시 팔로워 수, 좋아요 수는 잊는 게 맞지 않을까.

요즘 클라우드(가상 저장 공간)에 아이 사진만 따로 모으고 있다. 자기 전 자동 업데이트를 하면 되니 '수집' '추억 보관'의 용도로 제격이다. 개인 SNS에는 인터넷에서 찾은 몇 가지 팁을 참고해 올린다. 남편이 올린 아이 사진은 몰래 '이웃 공개'로 바꿔두었다.

아이의 사생활 침해를 조금이라도 줄이고 싶은 이들이 있다면 참고하길 바란다.

- 아이의 이름과 생년월일, 병원 기록, 계좌번호 등 신상 정보 올리지 않기
- 아이의 동선을 파악할 수 있는 문화 센터, 어린이집, 놀이터 이름이나 위치 알리지 않기
- 아이의 얼굴이 나온 선명한 사진을 클로즈업해서 공개하지 않기(옆모습이나 뒷모습 사진만 공개하기)
- 소아성애자들이 다른 생각을 품을 수 있는 아이의 노출 사진 올리지 않기
- 아이 얼굴 사진 위에 고양이나 강아지 등 스티커를 붙여서 올리기
- 전체 공개 대신 이웃 공개로 올리기

플라스틱 나라에서
아이와 살아가는 법

플라스틱

눈떠보니 플라스틱 세상에서 살고 있더라

대학 시절 대형마트에서 캐셔 아르바이트를 한 적이 있다. 그 당시 마트에서는 장바구니를 가져오면 개당 50원 할인(최대 3개까지, 총 150원 할인)을 해줬다. 크고 작은 물건들 사이로 장바구니를 챙겨온 엄마(열에 열은 우리네 엄마들이었다)들은 자신 있게 외쳤다. "장바구니요!" 그 말인즉슨 알아서 할인해달라는 거였다. 그러면 손님의 장바구니가 몇 개인지 순식간에 캐치해야 했다. 계산대에 물건을 올려두기 바쁜 고객을 배려해 눈치작전을 펼친 것이다. 어떤 엄마들은 3개를 가져왔는데 2개 혹은 1개만 할인해줬다며, 영수증을 들고 항의하는 경우가 종종 있었다. 장바구니 개수가 틀리면 당황스러웠다. 사무실에 계산원의 오타율과 계산 속도를 측정한 종이가 붙여졌기 때문이다.

나름의 노하우가 생기고 나선 "장바구니요" "장바구니 할인이요"라는

육아가 유난히 고된 어느 날

말에 "네. ×개 가져오셨죠?"라고 맞받아쳤다. 내가 말한 개수가 틀리면 상대방이 정정해줘서 수월했다. 실수하면 곤란해지는 캐셔 업무 중 '장바구니 할인'은 은근히 귀찮은 일이었다. 몇 년이 지난 지금에 와서야 그들을 이해하게 됐다. 집안 대소사로 신경 쓸 일 많은 엄마들이 장바구니를 가져오는 건 '환경'을 챙기겠단 의미도 담겨있다는 걸 알았기 때문이다.

환경에 귀 기울이게 된 것 역시 아이의 존재를 알고 난 후부터였다. 임신했을 땐 전자파만 신경 썼는데 아이를 낳고 보니 범주가 넓어졌다. 특히 플라스틱에 시선이 멈추곤 했다. 흔하디흔한 장난감은 물론 갓 태어난 아이가 입을 대고 마시는 젖병부터 모유를 미리 짜내어 저장하는 데 쓰는 유축기까지 플라스틱으로 가득 차 있는 게 아닌가. 아이에게 젖병을 물릴 때마다 불안했다. 발육 단계에 있는 아이에게 흔적을 남기지 않을까 하고. 플라스틱이 엄마의 생활은 물론 아이 생활까지 점령하고 있었다니 새삼 놀라웠다. 역시 사람은 자각하지 않는 한 발견이 어려운 법이다. 하다못해 지금 이 글을 쓰는 책상 위를 둘러봐도 타자기부터 작은 시계, 이어폰, 모니터까지 그야말로 플라스틱 세상이다.

나는 왜 플라스틱에 예민해졌을까.

《플라스틱 행성》이라는 책은 플라스틱이 탄생해서 어떻게 사용되었고 어떤 문제를 불러일으켰는지 일목요연하게 알려준다. 이 책은 말한다. 플라스틱이 우리의 삶을 편리하게 만들어 준 건 맞지만, 플라스틱이 지구상에 등장하고 나서 생긴 피해는 한없이 심각하다고. 그러면서 플라스틱 사용의 문제를 한 번쯤 되돌아보길 제안한다. 플라스틱에 첨가된 화학물질은 생식 능력에만 영향을 미치는 것이 아니다. 특정한 화학물질은 어떤 호르몬을 모방한다. 그 호르몬이 세포에 특정한 신호를 보내고 이것이 태아에 전달되면 태아의 발달에 영향을 미칠 수 있다. 태아가 사망하거나 장애를 지니고 태어날 수 있다는 거다.

이 책을 읽고서 "환경에 좋지 않다고는 하지만 그래도 편하잖아? 편하면 장땡이지 뭐"라고 생각하던 나의 무지함이 부끄러워졌다. 플라스틱 속의 p-노닐페놀, 비스페놀A는 물론, 플라스틱을 부드럽게 해주는 프랄레이트 등이 여아의 성조숙증은 물론 유방암 증가, 정자 수 감소까지 일으킨다니 그 파급력에 무서워졌다.

포장 용기 챙기기, 조금은 불편할지라도

《지구를 살리는 방법 50》에 나온 플라스틱 제품 사용을 줄이는 팁을 소개한다.

- 다양한 고분자 물질을 공부해 플라스틱 전문가가 되기
- 주변 사람들 설득하기
- 사용하지 않을 일회용 제품 몇 가지 선택하기
- 사업체와 기관 설득하기
- 지자체를 압박하는 등 지역 차원에서 금지하기

중국 정부는 올 초부터 플라스틱 폐기물 수입을 금지한다고 선언했다. 중국 수출길이 막히자 폐비닐·폐플라스틱 수거 대란이 여기저기 일어나고 있다. 내가 먼저 할 수 있는 일은 플라스틱 적게 사용하기뿐이었다.

내 아이는 물론 다른 아이에게 일어날 위험을 최소화하려면 나부터

행동을 바꿔야 했다.

- 음식 주문할 때 일회용 포장 용기를 거부하고 스테인리스 포장 용기 챙겨서 담아오기
- 비닐봉투 대신 장바구니 챙기기
- 텀블러 사용하기
- 플라스틱 용기 처분하기

이게 가장 첫 번째로 시도한 방법이었는데 꽤 귀찮은 일이었다. 챙겨 온 포장 용기를 들고 부탁조로 말해야 하기 때문이다. "제가 이거 가져왔거든요? 여기에 주세요"라고. 장을 볼 때는 물건이 이미 플라스틱 용기에 담겨 있어서 아쉬울 때도 많았다. 집에 와서 장 봐온 걸 풀면 물건을 사려고 플라스틱을 버리는 셈이어서 차라리 처음에 살 때 부탁하는 편이 나중을 위해 편하다는 걸 깨달았다.

'연대의 힘은 강하다'는 건 새로운 발견이었다. 온·오프라인에는 제로 플라스틱을 위해 노력하는 이들이 의외로 많았다. 비슷한 가치관을 지닌 다른 사람의 아이디어를 보고 따라 해 보기도 했다. 한 지인은 택배를 주문할 때 배송 메시지에 '에어캡을 사용하지 말고 신문지나 종이로 싸서 보내달라'고 기재한다고 했다. 플라스틱을 사용하지 않으려 한다고 덧붙이면, 그래도 몇몇 업체는 꼼꼼하게 종이나 신문지에 포장해서 보내준다고 했다.

외국에서는 플라스틱 내쫓기 프로젝트를 한 가족이 화제가 되기도 했다. 산트라 크라우트바슐과 페터 라벤슈타이너. 이들이 정한 프로젝트의

규칙은 '플라스틱이 들어 있지 않은 물건만 구입하기'였다. 크라우트바슐은 장을 볼 때 알루미늄이나 양철로 된 그릇을 가져가서 그 안에 소시지나 치즈를 넣었다. 그런 그릇이 없으면 점원에게 종이에 싸달라고 부탁했다. 처음에는 이상한 눈으로 보거나 위생적인 이유를 들며 색안경을 끼던 사람들이 도리어 나중에는 그 가족을 응원하게 됐다. 심지어 지금은 그들의 블로그에서 하나의 커뮤니티가 형성되어 어떻게 하면 플라스틱 없이 잘 살아갈 수 있는지 정보를 교환한다고 한다.

나는 환경단체에서 일하는 전문 활동가도 아니고, 친환경적 생활에 대한 소양도 없다. 여전히 플라스틱을 사용하는, 사용할 수밖에 없는 모순덩어리다. 그러나 익숙한 패턴을 조금씩 바꾸고 그걸 유지하며 살려고 애쓴다. 내가 살아갈 지구가, 내 아이가 살아갈 지구가 전보단 나아지지 않을까 싶어서.

육아가 유난히 고된 어느 날

텀블러

챙겨다니기.

조심스럽지만,

카페에서

테이크아웃잔 대신

머그잔에 마시기.

플라스틱 용기, 그래도 써야 한다면?
재활용 마크를 잘 확인하자.
플라스틱 제품에는 국제표준화기구(ISO)에서
재질별로 구분하고 1~7까지의 숫자 마크가
표기되어 있다.

재활용 마크에 1, 2, 4, 5가 새겨져 있는 용기는 열에 강해서 전자레인지 사용이 가능하고 유해물질로부터 그나마 안전하다. 3, 6, 7은 열에 약해 전자레인지에서 사용하면 환경호르몬이 나와서 적합하지 않다. 모든 마크가 이 이미시처럼 표기되어 있진 않고 PETE, PP, PS 등과 같이 재질만 표기된 경우도 있다.

 음료수병, 생수병,
간장병 등

 상자류, 먹거리병,
물통 등

 우유병, 세제류병,
샴푸병 등

 요구르트,
아이스크림통 등

 대부분의 공업용 제품,
계란 포장재, 대형물통,
일회용 그릇 등
PVC 용기

마요네즈병, 케첩병,
아기우유병, 요소수지 페놀수지,
멜라민수지, 규소수지를 원료로 한
용기 및 식기, 전화기, 소켓,
냄비손잡이 등

 우유병, 바디클렌저,
샴푸병 등

미세먼지로 미쳐버리겠던 날,
엄마는 시위했다

미 세 먼 지

뿔난 엄마, 시청으로 달려가다

아침에 일어나자마자 습관처럼 확인한다, 곤히 잠든 아이 얼굴을. 다음으로 '미세먼지' 농도를 본다. 하아. 긴 한숨이 나온다. '천국과 지옥을 오간다'는 바로 이런 걸 두고 하는 말이다. '아이 얼굴을 볼 땐 얼굴에 미소가 지어졌단 말이야! 이렇게 좋은 분위기에 '미세먼지 나쁨'은 뭐람?' 조용히 읊조린다. "오늘 외출은 힘들겠네." 우습다. 이 수치 하나에 아이와의 외출 여부가 결정되다니. 내 삶의 주도권을 찾고 싶다! 현실은? 미세먼지에 끌려다니는 삶으로 전락한 지 오래. 가뜩이나 아이와 함께 이곳저곳 돌아다니길 좋아하는 나로선 참을 수 없는 일이다.

나란 엄마는 결국 뛰쳐나갔다. (그나마 미세먼지 농도가 '보통'이던 날) 시위하기로 마음먹은 게다, 시청에서. 그곳에는 지방 선거에서 시의 최고 책임자로 선출된 시장이 있지 않는가. 시위에 필수인 푯말은 집에서 급제

30분 시위에

나선 날.

작했다. '엄마가 뿔났다! 미세먼지 나빠요!! 대책 촉구 함께 실천!'이라고 쓰고 프린트했다. 깔끔하게 코팅도 했다. 결혼선물로 친구에게 받았던 가정용 코팅기가 이렇게 유용하게 쓰일 줄이야.

엄마와 아들, 미세먼지 마스크 착용 완료. 출발! 시청으로 가는 길, 혼자 상상의 나래를 펼쳤다. 시장이 '쓱' 지나가며 나와 아이를 보는 거야. 그러다 문득 자기 전에 떠올리겠지. 까짓것 우리 시는 시범 삼아 매일 차량 2부제를 실시해보겠다고 말할지 몰라. 어쩌면 그가 다음 선거를 또 노린다면, 엄마들의 표를 얻을 기가 막힌 정책제안일지도.

대선 전에 한 육아 매체에서 엄마들을 대상으로 설문한 결과 '미세먼지 대책'을 차기 대통령이 우선 해결해야 할 국민 정책 1순위로 응답했단다. 일자리 확대와 저출산 문제 해결을 제치고. 이렇게 엄마들이 미세먼지에 민감한 이유는 말 안 해도 아마 다 알 거다.

WHO 산하 국제암연구소(IARC)가 미세먼지를 '1군 발암물질'로 지정했다는 사실을. 이 먼지는 폐포(기도 맨 끝부분에 있는 포도송이 모양의 공기주머니)를 통과해 혈관에 침투하기도 한다니 정말로 (전쟁보다도) 무섭다. 이참에 용어부터 바꿨으면 한다. '미세먼지' 말고 '발암먼지'라고.

이날 시청 앞에 30분을 서 있었다. 짧은 시간, 많은 사람이 오갔다. 대부분은 그냥 지나쳤다. 그나마 미세먼지 마스크를 쓴 한 청년이 몇십 초가량 멈춰서 쳐다보고 갔다. 말을 건넨 사람은 한 명. 청원경찰이었다. 그가 물었다. "어디 연대에서 나오신 거예요?" "아니요. 저 혼자 스스로 자발적으로 나온 거예요." "이거 푯말만 찍어 갈게요. 아이와 엄마 사진은 안 나오게. 저희도 뭘 하는지 알아야 하잖아요?" "네, 그러세요." 공격적이지도 않고, 호의적이지도 않았다. 혹여 그에게 아이가 있다면, 이 시위를 아니꼽게, 불편하게 여기지 않으리라 생각했다. 난 당당했다.

엄마들이 미세먼지에 더 민감한 이유는 아무래도 폐가 다른 장기보다 늦게 발달한다는 데 있다. 미세먼지의 악영향을 죄 없는 아이들이 고스란히 감당해야 하다니 말이 안 된다. 별다른 대책이 없어서 유모차에 방한 커버를 씌우고 공기청정기를 설치하는 엄마들도 있다. 자동차용 에어컨 필터를 휴대용 선풍기에 부착해 만든 것으로, 바람이 필터를 통과하면서 먼지가 걸러지는 원리란다. 아예 자동차 에어컨 필터를 여러 개 이어서 베란다 창에 붙여 놓은 사람도 있다. 오죽하면 그랬을까.

답답한 미세먼지 대책, 한숨만 나와

시중에는 신생아용 미세먼지 마스크가 없었다. 직접 만들어야 하나 싶었지만 손재주는커녕 뭐든 망가뜨리는 '마이너스의 손'이라서 포기했다. 미세먼지로 빚어진 슬픈 현실. 공급이 수요를 따라가지 못하는 상황인지라 손바느질로 필터를 끼우고 뗄 수 있게 만든 핸드메이드 마스크는 품절 현상이 벌어졌다.

어린이집과 실랑이를 벌이는 부모도 늘었단다. 활동할 프로그램이 있으므로 밖에 나가야 한다는 원장, 미세먼지가 심각한데 무슨 소리냐고 항의하는 학부모의 갈등. 옛날에는 상상도 못 했던 일이 대한민국의 일상이 되어 버렸다. 이러다간 몇 년 내에 공기청정 주머니(일종의 방독면 같은)를 개인마다 입에 차고 다니지 않을까 싶다.

이럴수록 한 템포 멈추고 생각해 봐야 한다. 개인 미세먼지 측정기를 구입하고, 공기청정기를 사고, 위생 물품을 사용하고, 미세먼지에 좋은

육아가 유난히 고된 어느 날

음식과 차를 섭취하고. 그러면 끝일까? 근본적인 해결책은 없을까? 우리가 자발적으로 동참해서 원인 요인을 줄이기는 힘들까?

중국발 오염 물질이 더해지면서 미세먼지는 중국 탓이라고 하지만, 1년 전체를 기준으로 보면 그 영향이 50%, 미세먼지 주범에는 '국내' 공장과 자동차도 포함되어 있다. 먼저 국내의 공공기관에서 실시하는 차량 2부제에 부모들이 모두 동참해보면 어떨까. 그리고 《한 그루 나무를 심으면 천 개의 복이 온다》를 쓴 오기출 푸른 아시아 사무총장은 미세먼지 문제를 개인의 실천 측면으로만 다뤄서는 안 된다고 했다.[22] 산업시설과 화력발전소, 자동차 배기가스가 가장 큰 온실가스와 미세먼지의 원인이라면, 정부와 기업의 책임도 따져봐야 한다는 말이다. 자동차를 사용하는 소비자에게만 책임을 묻는다면? 미세먼지 틀을 바꿀 수 없는 노릇.

맞다. 미세먼지 문제는 사회·경제적으로 접근해야 한다. 공기청정기도 질 좋은 마스크도 답이 아니다. 이참에 '엄마들의 연대'로 뭉쳐서 뭐라도 해봤으면 좋겠다. 미세먼지해결시민본부 대표 김민수 씨는 미세먼지 정책에 대해 계속해서 목소리를 내는 멋진 엄마다.

그녀는 정부의 대책과 별개로 각 가정에서부터 미세먼지 감소를 위한 실천방법을 제안한다. 매연차량 120에 신고, 장바구니·텀블러·손수건 사용, 노후 보일러 수시로 교체, 급출발·급제동 삼가기 등 일상 속 미세먼지 줄이기 방안은 생각보다 많다.

2017 대선 전에 나는 후보들의 미세먼지 대책을 리스트업해서 꼼꼼하게 살펴봤다.

문재인 - 가동이 30년이 지난 노후 석탄 발전기 10기 조기 폐쇄, 신규 발전소는 물론 기존 발전소에도 저감장치 설치 의무화, 친환경차 보급 확대, 도로먼지 제거용 청소차 보급 확대, 공공 교통시설에 미세먼지 저감시설 설치 의무화

안철수 - 석탄발전소 신규 승인 취소, 미착공 석탄화력 4기를 친환경 발전소로 전환, 중국 베이징시에 있는 '스모그 프리타워(공기 정화탑)' 시범 운영

홍준표 - 대기오염물질 배출기준 대폭 강화, 병원이나 학교 등 다수가 이용하는 곳에 공기청정기 설치

유승민 - 초미세먼지에 주의보 이상의 사전예보 발령될 경우 화력발전소 가동률 하향 조정, 아동·노약자가 집중적으로 이용하는 시설에 공기청정기 단계적으로 설치

심상정 - 신규 화력발전소 건설 백지화, 미세먼지 경보 시 차량 2부제 실시

당선된 문재인 대통령이 임기 내에 노후발전소 10기를 모두 폐쇄한다는 계획을 발표했으니, 희망을 품어야 할까(지난해 6월 한 달간 영동·서천·삼천포·보령 화력발전소 8기가 가동을 일시 중단했다. 그 후에는 국내 최대 무연탄 화력발전소인 서천화력발전소까지 영구 폐쇄했다).

미세먼지 시위를 한 날, 아이에게 미안한 마음이 들어 목욕시킬 때 코와 입을 더 열심히 닦아줬다. 백범 선생은 평생의 소원이 '첫째도 통일, 둘째도 통일, 셋째도 통일'이라 하셨다. 내 요즘 소원은 첫째도, 둘째도, 셋째도 "미세먼지 없는 세상에서 아이를 키우고 싶소!"이다. 아이가 갑갑한 마스크를 착용하지 않고, 평범한 하루를 보내기를. 그러나 대한민국 하늘은 여전히 뿌연 미세먼지와 황사로 뒤덮여 있다.

에어코리아 www.airkorea.or.kr

한국환경공단에서 운영하는 홈페이지로 전국 97개 시·군에 설치된 317개 측정망에서 확인한 대기환경기준물질(미세먼지, 오존, 황사 등) 자료를 제공한다.

한국대기질예보 www.kaq.or.kr

안양대 기후에너지환경융합연구소에서 운영하는 홈페이지로 향후 공기 질 변화를 사흘간 측정한 데이터에 기반을 둔 예측 자료로 알려준다.

네이버카페미대촉(미세먼지대책을촉구합니다) cafe.naver.com/dustout

'미세먼지대책을촉구합니다'는 가입자 수 8만 명을 돌파했다. 미세먼지 대책 마련 촉구 집회를 열고 44쪽 분량으로 만든 정책제안서를 대선 후보에게 보내기도 했다. 주무 부처인 환경부와의 면담, 국회의원과의 간담회, 민원제기를 위한 각종 서명운동 등 활발한 활동을 펼치고 있다.

완벽주의 버리고,
적당히 타협하기

청소

10분 청소의 효과

살림을 하는 이들은 안다. 집안일의 범위가 굉장히 넓다는 걸. 음식물 쓰
레기 버리기, 화장실 청소, 설거지, 빨래 개기·널기·넣기, 저녁밥 차리
기 등. '청소기로 밀고 걸레로 닦는 것'이 다가 아니었다.

　좀 더 구체적으로 말하면 한도 끝도 없다. 전자레인지, 가스레인지 베
이킹소다로 닦기, 싱크대 배수구 홈 안쪽 닦기, 화장실 배수구에 낀 머리
카락 건져내기….

　매년, 매달, 매주, 매일 이와 같은 집안일을 반복하니 자연스레 '뇌 구
조'도 달라졌다. 예컨대 '비가 온다'고 하면 살림을 하기 전에는 '비에 젖
어도 괜찮은 어두운 옷을 입고 외출해야지'라고 생각했다면, 지금은 '빨
래 잘 안 마르겠다'라고 혼잣말한다. 행동도 변했다. 방구석에 떨어진 머
리카락 하나 치울 줄 모르던 내가 머리카락이 많이 보인다 싶으면 먼지

육아가 유난히 고된 어느 날

스티커나 청소기를 가져다 밀고 있다. 살림에 애착이 생기는 건 당연지 사. 심지어 물때와 음식물 때로 좀 지저분한 싱크대를 깨끗이 닦으면 기분이 좋아진다. 청소는 마음의 정화 효과까지 있다. 장족의 발전이다. 우리 엄마는 이런 나를 보고 '인간 승리' '다시 태어났다'고 말씀하신다.

여기까지만 읽으면 대단한 살림꾼 같지만, 신혼 초에는 살림이 버거웠다. 남편과 같이하는 날보다 혼자 하는 날이 많았기 때문이다. 남편의 머릿속에 집안일은 아내를 '도와주는 것'이 아닌 '함께하는 것'이라는 인식이 박혀있지만, 워낙 바쁜 탓에 함께 청소할 시간이 나질 않았다. 그래서 당시엔 너무 바쁘고 지칠 때 일일 가사도우미를 부르고, 어쩌다 주말에 시간이 난 남편에게 분담할 일을 구체적으로 적어 알려주는 식으로 살았다. 살림 경력만 30년이 넘는 가사도우미 아주머니께 아이가 없을 땐 '맞벌이라 바빠서'라고 핑계를 대고, 임신했을 땐 '제가 임신을 해서요'라고 둘러댔다.

아이가 태어나고선 청소할 여유조차 나지 않았다. 주변에서 집안일이 뒷전이 되는 건 당연하다고 했지만 매일 쌓아두고, 방치하고 살 수는 없었다. 생각의 전환이 필요했다. '어차피 지금 상황에선 먼지 한 톨 없이 깨끗한 집안을 가꾸는 건 불가능하다. 완벽을 추구하지 말자. 내 마음이 놓일 정도로만 치우자.'

집 안에서 굴러다니던 싸구려 타이머는 청소 도구로 한몫했다. 나는 보통 타이머를 10분에 맞춰뒀다. 육아와 살림을 동시에 하기는 힘들어도 'O분 청소'를 한다고 생각하면 부담이 덜했다. 특별한 의식이라고 하긴 뭐하지만, 타이머의 시작 버튼을 누르기 전에 크게 숨을 들이마시고 10분 안에 할 만한 일을 찾았다.

빨래통에 넣을 옷 정리하기, 냉장고 안 식품 체크하기, 문틈에 낀 먼지 없애기, 베이킹소다와 과탄산으로 아기 빨래 삶을 준비하기. 삐비빅, 타이머가 10분이 끝났다는 걸 알려주면 '동작 그만'을 외치거나 한 번 더 10분을 추가한다. 옆에 온 아이가 칭얼거릴 때면 "엄마, 10분만 주세요"라고 조르기도 했다.

가사노동은 유지관리예술

청소를 하면서 집안일이야말로 우습게 볼 일이 아니란 걸 알았다. 가만 보면 가사노동만큼 훌륭한 예술도 없는 듯하다. 미국의 퍼포먼스 아티스트인 미얼 래더맨 유켈리스(Mierle Laderman Ukeles·78). 그녀는 미술가와 주부 사이의 괴리감을 해소하고자 미술관에서 청소와 빨래와 같은 집안일을 퍼포먼스로 재연했다.

이름하여 '유지관리예술'. 유켈리스는 미국 최고(最古)의 공공 미술관인 하트퍼드시 워즈워스 학당 미술관에서, 미라가 보관된 유리 진열장 청소를 했다. 먼저 미술관 청소부가 유리 진열장을 걸레로 닦았다. 걸레를 전달받은 유켈리스는 한 번 더 닦고 이번에는 미술관 학예사에게 걸레를 줬다. 미술가가 닦기 전의 진열장은 평범한 진열장이었지만, 닦은 후의 진열장은 퍼포먼스 예술품이 된 셈이다. 그러니 이제는 청소부가 손댈 수 없고, 반드시 예술품 보존 전문가인 학예사가 닦아야 한다. 같은 걸레로 같은 진열장을 닦았지만 닦는 사람이 누군지에 따라 사회의 시선이 다름을 보여준다. 청소는 최저 임금을 받는 하층민의 노동이고, 학술은 고급 전문직이며, 예술은 최고의 부가가치를 인정받는 창조 활동인

육아가 유난히 고된 어느 날

것이다. 유켈리스는 이처럼 단순한 퍼포먼스를 통해, 같은 노동에 다른 대우를 당연시하는 현대사회의 구조를 꼬집었다. 유켈리스는 나처럼 집 안 살림을 하며 느꼈을 것이다. 이것이야말로 예술이구나! 하고.

《살림하는 여자들의 그림책》에서는 명화 속 살림살이를 엿볼 수 있다. 요하네스 베르메르, 앙드레 부이 등의 화가가 여성을 모델로 그린 그림에는 다양한 살림의 모습이 담겨있다. 부엌에서 접시를 윤이 나게 닦으며 아이와 대화하는 엄마, 집안일을 한 후 벽난로 앞에서 불을 쬐며 쉬고 있는 여성, 최대한 물을 아끼며 청소, 설거지하는 소녀의 표정 등 예나 지금이나 크게 다른 건 없다. 단지 궤짝이 장롱이 되고, 빗자루가 진공청소기가 되었을 뿐. 명화를 가만히 들여다보고 있으면 내가 살림하는 공간은 화가에게 어떻게 비칠까 궁금해진다. 책에는 이런 말이 나온다.

주부가 집안을 정리하고 청소한다는 것은 자신이 영향력을 행사하는 공간에 일종의 균형을 유지하는 일이다.[23]

어쩌면 집안이라는 공간 안에서 나는 비로소 적극적인 존재로 거듭났는지도 모른다. 나만의 균형을 유지하며, 내 아이가 숨 쉬는 곳, 내 사무실이기도 하고 내 작업실이기도 한 공간으로 여겨줘야지. 청소할 게 많은 곳, 나를 힘들게 하는 곳이 아닌, 예술을 창조하는 곳.

뜬금 있는
'정보'
툭─❀

하루에 두 가지, 혹은 하루 10분
청소 목록을 요일별과 주별로 나눠도 좋다.
매일 지키지 않고 몰아서 하더라도
어떤 청소를 안 했는지 알 수 있어
시간에 쫓기지 않는다.

청소 목록 예시

- 월요일: 집안 전체 청소기 돌리기 또는 정전기포로 닦기, 극세사 걸레로 먼지 닦기(장식장 위, TV대 등)
- 화요일: 주방청소(주방 벽, 싱크대 등)와 뒤 베란다 정리
- 수요일: 이불매트 청소(이불 털기, 빨래 내놓기, 놀이 매트 닦기)
- 목요일: 화장실 간단 청소
- 금요일: 먼지 청소(창틀)
- 토요일: 분리수거, 음식물쓰레기 버리기, 빨래 개기

- 첫째 주말: 화장실 타일과 변기 청소
- 둘째 주말: 베개커버와 이불 빨기
- 셋째 주말: 주방 후드 청소(가스레인지, 전자레인지)
- 넷째 주말: 밀린 청소

엄마 혼자 가도 편한 곳
하나 만들어두기

아 지 트

혼자만의 시간은 달콤했다

나만의 시간 즐기기. 내가 참 좋아하던 일상이었다. 여건만 되면 언제든지 누릴 수 있었다('이었다'라는 과거형으로 써야 하다니). 지금은? 여건만 되면 누리고 싶다. 나는 간절히 원한다, 휴가를. 아이를 낳고 얻은 첫 자유시간은 출산하고 두 달여 만이었다. "바깥 공기 좀 쐬고 와." 출산 후 100일 가까이 친정에 있었는데 몸조리한다며 집안에 웅크린 모습이 짠했는지, 아이와 씨름하는 모습이 안쓰러웠는지 엄마가 선뜻 아이를 봐주겠다고 했다.

집 밖으로 나온 내 발걸음은 자연스레 수원화성 장안공원으로 향했다. 수원화성 전역에는 가을이 찾아온 지 오래였다. 특히 화서문 일대 하얗게 핀 갈대 위로 가을 햇살이 눈부셨다. 그곳은 여전했다. 몸과 마음을 맡기기에 적당히 느리고 여유로웠다. 공원 일대를 걷다 요즘 핫하다는 카페에 가서 아메리카노를 마셨다. 행복해서 입꼬리가 절로 올라갔다. 혼자만의 시간은 달콤했다. 그 맛이 여전히 잊히지 않을 만큼.

혼자 무언가를 하는 게 유행이(?) 되었다. '혼밥(혼자 밥 먹기)' '혼술(혼자 술마시기)' '혼여(혼자 여행하기)' 등 혼자서 즐기는 라이프 스타일이 새로운 트렌드로 자리 잡았다. SNS에는 이 혼자 하기 키워드로 해시태그를 달아 올린 사진이 가득하다. 그렇다. 혼자 밥 먹고 다니는 게 부끄럽고 궁상맞다는 말도 옛말이 되었다.

실제 통계청이 발표한 자료에 따르면 15세 이상 한국인 2명 중 1명이 혼자서 여가를 즐긴다고 답했다. 혼자서 여가를 즐긴다고 응답한 사람은 2007년 44.1%에서 2014년 56.8%로 12%포인트 이상 증가했다.[24] 서치 전문기업 마크로밀 엠브레인은 《2017 대한민국 트렌드》에서 점점 더 많은 소비자가 나홀로 쇼핑과 여가를 즐길 것이라고 분석했다. 실제 지난 여름 인터뷰한 도시락전문업체 사장은 최근 혼밥 도시락이 잘 팔려 매출에 도움이 된다고 했다.

헌데 이런 시선도 있다. 한 매체에서 본 칼럼이었는데, 혼밥은 단란한 가족 밥상의 소멸화 과정에서 나타난 '사회문제'로 타인과 소통 단절은 물론이고 급기야 나르시시즘에 빠지게 된다나? 오로지 혼밥'만' 하는 이들이 아닌 혼밥을 즐기는 이들까지 정신이상자로 몰아가는 게 불편했다. 남들에게 피해 주는 일도 아닌데 말이다. 그 말에 반박하고 싶었다. "나홀로 지내는 시간은 친구가 없어서 어쩔 수 없이 혼자 활동하는 게 아니라 스스로 선택하는 자발적 활동입니다! 사회에서 여러 관계에 지친 이들이 마음속 찌든 때를 벗고 다시 사람들 품으로 돌아갈 힘을 얻는 시간이라고요. 그 시간을 바탕으로 '부모' '자녀' '직장인' 등 자신의 역할을

육아가 유난히 고된 어느 날

혼자 카페에서

엄마에너지

충전하는 시간.

잘 수행할 수 있다고요."

마음 속 찌든 때를 빼는 아지트, 숯가마

혼자여서 좋은 점. 다른 사람에게 의견을 물을 필요 없고 의례적인 잡담을 건네지 않아도 되니, 내 마음대로 내키는 걸 골라서 유유히 만끽할 수 있다. 게다가 혼자 잘 노는 이들이 여럿이도 잘 논다. 이건 만고불변의 진리. 잠깐의 여유를 부리고 오면, 다시 아이를 잘 돌보게 된다. 에너지를 충전했기 때문이다. 엄마가 된 후에는, 혼자 어떻게 놀지 좀 더 심사숙고해서 계획을 세우게 됐다. 붙였다 뗄 수 있는 포스트잇을 가까이 두고 끄적거리기도 한다. '어디 갈까나~'

　내가 늘 우선순위로 꼽는 곳은 한증막, 찜질방, 불가마, 숯가마다. 요즘 같이 치솟는 물가에 만원 안팎의 가격으로 알차게 보낼 만한 곳이라서 너무 감사하다. '황토방'과 '한약방'에선 흐르는 땀을 수건으로 닦아가며 정신을 수양한다.

　이런 곳은 온갖 정이 오가는 장소이기도 하다. "계란 하나 먹어." "바나나 좀 잡숴." 하며 한두 개씩 주시는 분이 꽤 많다. 그렇게 얻어먹는 음식이 어찌나 맛있는지 모른다(찜질방 사장님은 매점 수입과 관련이 있어서 음식을 싸오는 손님들이 달갑지 않겠지만). 많게는 하루 24시간 종일, 적게는 3시간 시원하게 땀을 쫙 빼고 바깥세상으로 나올 때의 기분이란! 차가운 바람이 내 귓가에 "에너지 충전, 100% 되셨습니다"라고 속삭이는 것만 같다.

　궁금하면 못 참는지라 '숯 굽는 마을'에 자리한 숯가마를 취재한 적도 있다. 한번은 강원도 횡성군 갑천면 포동리 산골에서 오랜 세월 숯을 구

　　　　　　육아가 유난히 고된 어느 날

위 온 노련한 숯장이를 만났다. 가까이서 보니 재래식으로 숯을 굽는 건 정말 고된 일이었다. 땀 빼고 즐기는 시간과 달리 숯의 탄생 과정은 어마어마했다. 숯장이가 가리킨 숯가마 지붕에는 세 개의 구멍이 뚫려있었다. 그가 말하길 숯가마에 유입되는 공기를 조절하고 불길을 보기 위해선 두세 시간마다 한 번씩 불구멍을 조절해야 한다. 해서 가마 주변에서 꼼짝 못 하고 밖에 한 번 제대로 나갈 수가 없다.

지금이야 보호 장구를 쓰고 불덩이들을 끄집어내지만, 과거에는 가마가 무너져서 다치기도 하고 화덕 독이 올라서 병원도 다녔단다. 늘그막에도 여전히 숯가마 곁을 지키는 숯장이에게 감사한 마음이 들었다. 그렇게나 힘든 작업을 거친 숯가마 덕분에 힐링하고 있으니 말이다. 그의 손톱에 박힌 까만 숯가루가 아직도 눈에 선하다.

난 느꼈다. 숯가마든 찜질방이든 그곳에 있다고 피부 속 노폐물이 다 빠져나가지는 않지만, 마음속 찌든 때가 분출되는 효과는 분명함을. 나는 이 아지트를 너무나도 사랑한다.

휴가가 그리운 엄마들이여! 어떻게 혼자 놀지 계획을 세워보면 어떨까. 혼자 어디로 떠날지, 소소하게 다이어리에 끄적거리는 게다. 아이들을 돌봐야 한다는 이유로 마음속에 꿈으로만 품지 말자. 사전에 통보하자. "이날은 엄마 혼자 휴가 얻어서 여행가는 날이니까 알고 있어"라고 말이다. 그전에 어디든 떠날 '아지트'부터 만들자! 내 마음 쉴 곳 하나 만들어 두면 좋지 않은가.

힘들 땐
자연에 기대렴

자연육아

진정한 자연의 '맛'을 알게 되었다

밤샘 근무를 하고 새벽에 퇴근한 남편이 한마디 했다. "치악산 갈까?" 잠은 조금 있다 자더라도 새벽의 스산한 찬 공기를 마시고 싶단다. 전형적인 아침형인 아이마저 똘망한 눈빛으로 날 쳐다본다. "그래요. 엄마 가는 게 좋겠어요"라고 말하는 것 같다. 우리 가족은 10여 분을 달려 치악산에 도착했다. 인적 드문 산에 도착한 자유로운 영혼들은 걷고 걸었다. 피톤치드로 가득한 곳에서 숨 쉬자 살 것 같았다. 식물이 각종 병균과 곰팡이로부터 자신을 보호하려고 뿜어내는 방향성 물질 피톤치드. 눈에 보이진 않지만 고맙고 소중한 존재다. 자연에 '흠뻑' 취했더니 배가 고파졌는데 문 연 식당이 딱 한 군데 있다. 아침 일찍 어린아이를 안고 온 게 신기한지 이것저것 챙겨주신다.

강원도에 살면서 진정한 자연의 '맛'을 알게 됐다. 도심에서는 멀리

육아가 유난히 고된 어느 날

가야 초록의 향연을 볼 수 있었는데, 이곳에서는 그냥 고개를 들어 위를 쳐다보면 치악산 산자락이 한눈에 들어온다. 곳곳에 논밭투성이다. 오이, 고추, 상추 등을 밭에 심고 따서 먹고 사는 게 일상인 사람들이 수두룩하다. 이런 곳을 아이와 함께 다닐 수 있어서 행복하다. 내 시야에 들어오는 나비와 잠자리, 그걸 잡으려는 초등학생 아이들. 아이와 돌아다니면서 뺨을 간지럽히는 바람뿐 아니라 흙, 돌에도 얼마나 많은 촉감이 있는지 느끼도록 해주는 게 요즘 내 육아 일상이다. 해시태그(#)를 걸면 이렇다. #계곡육아 #섬강산책

옆 동네 횡성에는 귀농·귀촌을 한 분이 많다. 계기도, 사연도 저마다 다르지만 유독 기억에 남은 부부가 있다. 수도권에서 오랫동안 수학학원, 검도장을 경영했다는 그들은 지금 산자락에서 농사짓고 카페를 겸한 게스트하우스를 한다. 이전과는 전혀 다른 삶이다. "우리 내려갈까?" "그러지 뭐." 밥 먹다가 고민 없이 내려오길 결정했다는 부부. 다른 이유도 있지만 초등학교 6학년이 된 아들이 항상 중심에 있었다.

"아이에게 자연에 둘러싸인 삶을 선물하고 싶었어요. 여기 와서는 정말 '뛰지 말라'는 말을 안 하고 살아요. 사실 아이마다 성향이 다르잖아요. 우리 아이는 감성적인 면이 있어서인지 적응을 참 잘했어요. 친구들이 모여 있는 모습을 봐도 핸드폰만 들여다보는 아이들이 없어요. 다 같이 자연에서 뛰어노는 거죠."

부부를 만난 날 마침 카페에서 그 아들의 생일잔치가 열렸는데, 아이들은 차린 음식을 먹고 나선 트램펄린 위에서 뛰어놀며 까르르 웃고 난리가 났다.

자연 안에서, 자연에 대해서, 자연을 위해서

산 아래 살아도 자연을 느끼지 못하면 소용없다. 미국의 생물학자 레이첼 카슨은 말했다. 자연을 아는 것은 자연을 느끼는 것의 절반만큼도 중요하지 않다고. 자연 속의 놀이는 아이들에게 사회성, 창의성 등 많은 영향을 미친다. 그런데 그보다 더 중요한 자연 육아, 생태 육아의 핵심은 '이벤트'가 아닌 '일상'에 있다. 도심의 아파트 단지, 고층 빌딩 사이에서도 풀은 자란다. 돋보기 하나만 들고 나서면 신기한 풀꽃은 물론 화단에 기어 다니는 개미들도 볼 수 있다. 꼭 시골이나 교외로 귀농·귀촌을 해야 자연 육아, 생태 육아를 하는 게 아니라는 말이다.

지속가능성을 위한 교육적 도전과 노력을 소개한 책 《영유아와 환경》에서 저자는 유아 환경교육과 관련해 '안에서, 대해서, 위해서(in, about and for)'라는 접근 방식을 소개한다. 환경 안에서의 교육은 자연환경을 학습 수단으로 사용한다. 이를테면 자연 관찰을 통한 실외 탐색 활동, 정원 가꾸기, 물·모래·진흙·막대기·나뭇잎 같은 자연 재료 사용하기 등이 그렇다. 그저 자연과 그대로 접촉하는 방식이다. 환경에 대한 교육은 자연계의 기능을 학습한다. 비는 어디에서 오는가, 웅덩이는 왜 마르는가 등 '물의 순환'이나 퇴비화 과정 같은 '탄소의 순환'에 대해 배운다. 저자는 자연 일기 쓰기도 괜찮다고 권유한다. 굶주린 개미들의 집, 도토리를 주렁주렁 달고 있는 참나무, 젖소를 쓰다듬는 일 등에 대해 말이다.

친정아빠는 내게 공부하라고 강요하신 적이 없는데 지금 생각해보면 '자연 육아'가 가치관이셨나 보다. 어릴 때부터 내게 "산이나 갈까?"라는 말을 자주 하셨다. 평소엔 과묵하신데 '부녀 산행'을 할 때면 굵직굵직하게 인생을 사는 법을 알려주셨다. 이야기는 실로 다양했다. 어른을 공경하는 자세와 사회생활을 하는 법부터 불법 다단계 피하기, 남자 조심하라는 말까지.

《지도 밖으로 행군하라》《바람의 딸 걸어서 지구 세 바퀴 반》의 작가, 전 월드비전 긴급 구호팀 팀장, 청소년의 대표적 롤모델인 한비야 씨는 시간만 나면 산에 오르는 산쟁이다. 어릴 적부터 아버지를 따라 산을 자주 갔다는 그녀는 돌아가신 부친께 물려받은 것 하나가 '산쟁이 유전자'라고 고백하기도 했다. 나는 우리 부녀야말로 제2의 한비야 부녀가 아닐까 싶다. 그 유전자가 과학적으로 증명되지는 않았지만 나도 산을 좋아하는 산쟁이 아빠의 영향을 받았다.

몇 년 전에 KBS〈영상앨범 산〉에서 우리 부녀의 산행을 촬영하기도 했다. 어쩌면 아빠 덕분에 지금 내가 '자연 육아'를 예찬하는지도 모르겠다. 아이를 곤충학자 파브르로 키우려고 하냐고? NO. 내 바람은 하나다. 아이가 각박한 세상을 살다가 지쳤을 때, 돈 한 푼 들이지 않고 자연에 기대어 다시 살아갈 힘을 얻었으면 좋겠다. 자연의 힘을 아는 아이로 자라주길 바라는 게다.

천천히 그러나 제대로
'슬로교육'

발도르프육아

자연의 리듬과 삶의 리듬을 중시하는 발도르프

슬로라이프(Slow Life), 일명 '천천히 사는 삶'. 누구나 한 번쯤 꿈꾸지만 꿈으로 끝나는 경우가 많다. '빠름'이 배어 있는 문화에서 벗어나기가 쉽지 않기 때문이다. 육아에도 속도전이 있다는 걸 알았을 때 마음이 불편했다. 육아만큼은 속도전을 거부하고 싶었다. 그러던 차에 6년가량 독일에서 유학하고 돌아온 여고 동창을 만나면서 가능하겠다는 희망이 생겼다. 친구는 친정엄마가 운영하는 유치원에서 아이들을 가르친다고 했다. 본인 전공(교육)은 물론 적성에도 맞아 만족스럽다는 말도 덧붙였다. 내 친김에 유치원을 구경하기로 했다. 동네 산으로 향하는 산책로 인근에 자리 잡은 유치원. 그곳에 들어서자 나무로 만든 흔들 그네와 밧줄 타기 등 동네에서 흔히 볼 수 없는 놀이터가 한눈에 들어왔다. 그림책의 한 장면 같았다. 더 정확히 말하자면 그 장면이 살아 움직이는 듯했다.

육아가 유난히 고된 어느 날

유치원은 '발도르프 유아교육기관'이었다. 언젠가 한 번 들어봤던 '발도르프'. 나는 친구의 어머니인 원장님에게 교육 방침을 세세히 들었다. 발도르프는 독일의 사상가 루돌프 슈타이너 박사의 교육철학에 근거해 세워졌고, 자연 속에서 교육의 본질을 찾는다고. 따라서 계절이라는 '자연의 리듬'과 생활 속에서 경험하는 '삶의 리듬'을 중시한다고. (100% 다 이해할 수는 없었지만) 교육 프로그램이 신선했다. 그곳에 다니는 4~7세의 아이들은 주입식이 아닌 자유놀이, 라이겐(손유희), 동화 등을 곁들인 예술교육을 받고 있었다. 텃밭 가꾸기, 분필로 벽그림 그리기, 새집 달기, 음악놀이, 습식수채화 등 자연과 연계된 프로그램이 주를 이뤘다. 디지털 기기와도 차단된 삶을 지향한다고 했다. 요즘 떼쓰는 아이들에겐 '스마트폰'이 특효약인데, 그게 가능한 일인지 의아했다. 비결은 교사와 학부모의 '연대의식'에 있었다.

"별도로 교육원을 운영해서 정기적으로 부모와 교사를 위한 교육 강좌를 열고 있어요. 학부모들이 함께 모여 친환경 소재로 아이들 장난감을 만들기도 해요. 교사와 학부모가 함께하는 교육이 발도르프가 지향하는 가치예요. 가정에서도 발도르프 교육이 이어져야 하니 계속 공부를 해야 하는 거죠. 등원하는 아이들 집에는 TV가 거의 없어요. 교사뿐 아니라 부모도 철학이 있어야 해요. 부모가 삶의 목표가 분명할 때 아이도 그걸 보고 배우고 행복하게 살 수 있거든요."

연대에는 용기가 필요하니까

'부모 연대'. 한국의 교육문화에 익숙한 내겐 굉장한 문화충격이었다. 내

한 몸, 내 한 가정 건사하기도 힘든 이때 연대라니. 실제 교육 문제로 홍역을 앓았던 핀란드나 프랑스, 독일은 부모 연대를 만들면서 해결했다고 한다. 교사와 부모가 함께 학교 운영의 주체자로서 모든 문제를 공유해야 한다는 원칙에 동의했기 때문이란다. 그래서 부모들이 퇴근 후에도 아이들의 학급 운영에 관한 전반적인 협의와 행사 때 부모가 어떻게 실무적으로 참여할지, 아이들의 진로를 위한 교육정책의 변화에 관해 토의한다고 한다. 각자 도생하기 쉬운 환경에서 공동의 선을 추구하려고 나선 부모들이 대단해 보였다. '연대'에는 '용기'가 필요한 법이니까. '내 아이만 손해 볼 수도, 도태될 수 있다'는 두려움을 떨쳐야 하니까.

예전에 경기도 양주시에서 무명베를 짜는 어르신들을 뵌 적이 있다. 전통 베틀과 물레로 무명짜기를 고집한 이들은 모두 '느림의 소중함'을 알고 계셨다. 보통 무명은 목화의 재배와 수확, 씨앗기와 솜타기, 고치말기, 실잣기, 무명날기, 베매기, 무명짜기 순으로 만들어진다. 옷 한두 벌 나오는 무명 한 필을 만들려면 몇 날 며칠이 걸린다. 손이 수천, 수만 번이 갈 수밖에. 무명실로 천을 짜고 있던 할머니가 딱 한 마디 하셨다. "한 올만 잘못 꿰면 망칠 수 있어서 마음과 뜻이 맞아야 해요."

또다른 할머니는 무명을 두고 '정직한 천'이라고 표현했다. 힘을 쏟은 만큼 결과물이 고스란히 나오니 꾀를 부릴 수 없다는 말이었다. 그런데도 하나같이 무명을 할 수 있어 행복하다고, 사계절이 흘러가듯 순응하며 기다려보는 지혜가 생긴다고 하셨다.

이들이 '슬로패션'을 추구한다면, 발도르프 교육을 실천하는 엄마들은 '슬로교육'을 따르는 듯하다. 《발도르프 육아예술》에서는 아이의 발달과 인권을 존중하는 양육의 관점, 아이에게 보호막 형성이 중요한 구체적인 근거, 아이의 상상력과 언어 발달을 위한 바람직한 양육 방식, 건강한 몸과 마음을 가꾸는 실질적인 노하우, 선행학습·조기교육을 멀리해야 하는 근본적인 이유 등을 제시한다. 이 모든 건 '조바심'과 '서두름'을 내려놓아야 가능한 일이다.

《천천히 키워야 크게 자란다》의 저자 김영숙 씨는 발도르프 교육, 심리 치유 인형극 등을 배워 아이를 키운 부모다. 그 역시 한 언론과의 인터뷰를 통해 '아이들을 천천히 키운다는 것'의 의미를 이렇게 말했다.

"재촉하지 말고 아이들을 믿고 기다리면 돼요. 아이들은 발달 단계에 따라 육체와 정신이 성장한 만큼 세상을 받아들이고 이해해요. 부모들이 욕심을 부려 아이의 발달 단계를 무시하고 배움을 서두르는 경우가 많습니다. 이 때문에 아이들은 균형 잡힌 성장을 할 수 없고, 몸과 마음이 메말라가요."[25]

인지학의 창시자인 루돌프 슈타이너는 인지학이란 '인간에 대한 지식'이 아니라 '인간의 본질에 대한 인식'이라고 설명했다. 슈타이너의 인지학에서는 '인간이란 누구나 끊임없이 정신적인 성장을 해야 하는 존재'라고 한다. 자신의 끝없는 정신적인 성장을 위해 '어떻게 살 것인가'를 고민하며 하루하루, 매 순간 최선을 다해 살지 않으면, 정신적인 성장을 할 수 없다고 말이다. '어떻게 키울 것인가'를 계속 고민하는 교육. 혹자는 '교육과정에 맞춘 공부'에 벗어나 교육 내용을 재구성하는 발도르프 교육을 이상하게 바라본다. 시대에 뒤떨어진다는 게다. 그러나 '삶을 위한 교육'에 바탕을 둔 발도르프 교육이야말로 천천히 가지만 제대로 가고 있다는 생각이 든다.

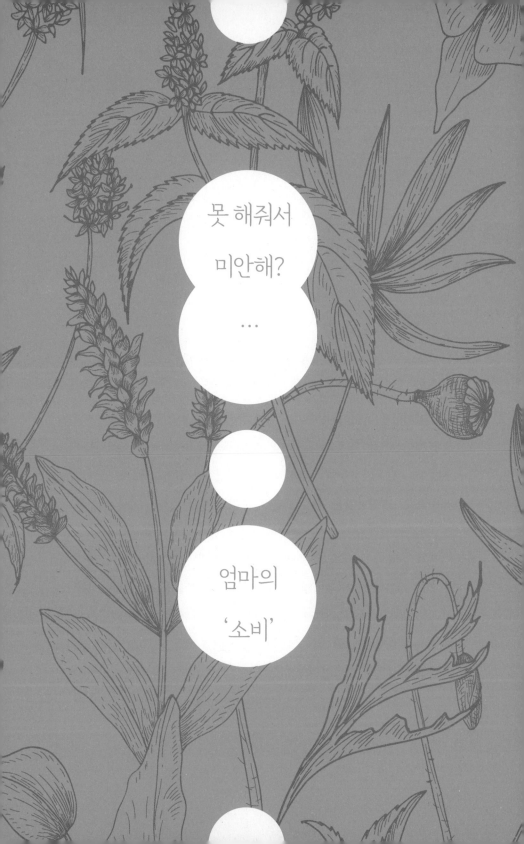

우리 집엔
장난감이 없어

장난감

장난감, 없어도 잘 논다?

자고 일어나면 끝없이 나온다. 넘쳐난다. 탐나는 것도 많다. 무엇보다도 이게 있어야 엄마들이 편해진단다. 일명 '육아템(육아 아이템)' '장난감'을 두고 하는 말이다. 나 역시 임신 초부터 장난감을 알아갔다. 자의 반 타의 반으로. 첫 장난감은 '국민 모빌'로 불리는 제품이었다. "이건 꼭 사줘요." "선물로 달라고 해요." 등 주변의 조언을 받아 중고로 구입했다.

신생아 때는 잘 보지 않던 모빌, 몇 달이 지나니 확실히 달랐다. 엄마를 찾지 않고, 칭얼거리지 않고, 혼자서 오랫동안 즐겨 보는 게 아닌가. 설거지할 시간, 커피 한 잔의 자유를 누릴 시간을 이따금 벌어주니 참으로 기특한 모빌이었다.

한데 모빌은 첫 장난감일 뿐이었다.

"자, 이제 그 모빌발은 끝났어." "이것도 이젠 있어야 할 것 같고, 이 제

육아가 유난히 고된 어느 날

품도 괜찮아요." 주변에서 하나둘 다른 제품을 권하는 거였다. 마치 내가 지금 '장난감 마련 여행길'을 걷고 있나 착각했다.

그러다 〈미니멀 육아, 장난감 없이 살아 보기〉라는 다큐멘터리 방송을 보게 됐다. 마트 한복판에서 장난감을 안 사준다고 눈물을 터뜨리는 아이와 종이박스 6개+농구대+2인용 자동차 등 어마어마한 장난감을 보유한 두 집의 아이가 2주 동안 장난감 없이 살아보는 프로젝트에 동참하는 내용이었다. 장난감이 말끔하게 치워진 집을 보고 아이들은 어떤 반응을 보였을까. 쇼크? 울음 폭발? 결론부터 말하자면 아이들은 정말 '잘' 놀았다.

종이비행기 던지기, 생수병에 스티커 붙이기, 휴지 잘라 놀기, 블록 대신 작은 나뭇가지 쌓기 등 생활필수품 놀이로 아이들은 하하 호호 자지러지게 놀았다. 생활 놀이의 달인으로 불리는 한 엄마는 아이와 함께 집 안에서 보물찾기 놀이, 가게 놀이(몇십만 원이 훌쩍 넘는 제품이 아니라 택배 상자, 안 쓰는 키보드 등을 활용해 차렸다)를 하며 놀아주는 모습을 보여줬다. 프로젝트를 통해 장난감 없이도 잘 논 한 아이는 기특하게도 꼭 갖고 싶은 것만 고르고 나머지는 기증을 택했다.

이 '아날로그적인 육아'를 보며 나는 안도감이 들었다. 결국, 장난감이 아니라 부모와의 몸놀이, '상호작용'이 우선이었다. 장난감과 교구라는 도우미에 엄마 자리를 내어주는 게 아니었다. 한 놀이전문가는 극단적인 표현일지 몰라도 돈이 드느냐, 안 드느냐가 장난감인지 아닌지의 기준이라고 했다. 돈이 안 드는 게 진짜 장난감이라고.

돈을 떠나 한 번쯤 짚고 넘어가야 할 이유 하나 더. 장난감은 환경문제와도 연관이 있다. 우리나라에서 연간 버려지는 장난감은 무려 240만

집 근처에 있는

장난감도서관.

톤. 한데 장난감을 재활용하는 길은 너무나도 어렵단다. 플라스틱 1kg당 단돈 100원인 데다 분해가 어려워 오히려 시간 낭비라는 것. 이러한 현실 속에서도 완구 시장 규모는 커져만 간다. 아이러니하다.

온 집안 물건이 장난감

결심이 섰다. 장난감이 적은 집을 만들자! 대신 놀잇거리가 많은 집을 만들어 보자! 이런 이유로 유효기간이 지난 모빌(어느 순간, 아이는 전혀 처다보질 않더라)은 임신한 지인에게 기증했다. 신기하게도 모빌을 치우자, 잠시나마 모빌에 집착하며 '왜 안 보지?' '얼른 여기 처다봐' 했던 조급증이 사라졌다. 오히려 마음이 편해졌다. 법정 스님도 수필 '무소유'에서 애지중지하며 키운 난초 화분을 떠나보내며 해방감을 느꼈다고 고백하지 않았는가.

혹시나 해서 '점퍼루(바퀴 없는 보행기 형태의 장난감)'를 대여했으나 아이의 흥미는 얼마 지나지 않아 미지근 그 자체.

어쩌면 나는 장난감에 내 욕망을 투사했는지도 모른다. 장난감에 투영된 욕망은 지속적이길 바랐고, 기쁨 또한 영원하길 바랐다. 권태나 지루함, 싫증은 침투하지 않았으면 했다. 발품을 더 들인 것일수록, 혹은 비싼 제품일수록 더 그랬다. 현실은? 공간이 넓어지면 넓어질수록(예컨대 '장난감 방'이나 '장난감 수납장') '채우려'고 안달이었고, 공간이 좁아지면 좁아질수록 더 '채우지 못해' '줄이지 못해' 여유가 사라졌다.

나만의 기준을 세워야 했다. 생각을 달리해봤다. 장난감을 사지 않고 창조할 수는 없을까. 어쩌면 집안 물건이 아이에게 장난감이 될 수 있지 않을까. 일종의 실험정신으로 시작된 이 생각은 '의심'에서 '확신'으로 바뀌었다. 개월 수에 따라 행동영역은 점점 업그레이드되었지만, 확실한 건 놀잇감은 예상치 못한 곳에 존재하고 있었다.

이를테면 이런 식이다. 팔뚝에 방귀 소리내기, 손바닥에 뿌려준 바디로션으로 거울에 낙서하기, 텀블러에 얼음 넣고 흔들어 소리내기 , 안 쓰는 엄마 카드와 통장 들고 다니기, 좋아하는 이불 얼굴에 둘러쓰고 오줌싸개 흉내 내기.

기억을 끄집어내면, 나도 어린 시절 이불 속에서 스탠드 불빛에 의지해 친구와 대화한다든가 햇빛을 이용해 검은색 종이를 태우는 식의 놀이가 추억으로 남아있다.

다음으로는 장난감 찾아 집 밖 떠나기. 장난감을 대여하거나 키즈카페에서 해결하는 것도 대안 중 하나였다. 키즈카페에는 우리 집에 없는 장난감이 있으니 아이에게도 잠시나마 신선함을 선사해줬다. 또 덩치 큰 장난감을 베란다에 두면서 바람을 쐬어 주고 일주일 혹은 격주에 한 번씩 바꿔주는 식도 괜찮았다. 선순환 구조가 됐다고 해야 할까.

장난감 하나를 새로 들이면, 다른 장난감을 빼놓기로 아이와 약속하고, 장난감을 수납장 대신 싱크대 하부장에 넣어 보물창고처럼 쓴다는 엄마, 엘리베이터 안에 장난감 박스를 두고 "필요한 분들 가져가세요"라고 써둔다는 엄마도 있었다.

선불교 법사인 카렌 밀러는《엄마의 명상으로 아이가 달라진다》에서 이렇게 팁을 전한다.

육아가 유난히 고된 어느 날

바퀴달린

빨래바구니 타고

붕붕카 놀이.

미역으로 촉감놀이.

거울에

로션 바르기

놀이.

"우선 TV를 꺼라. 광고 카탈로그를 던져 버려라. 아이에게 장난감 카탈로그는 주지 마라. 장난감이나 옷은 물려받아 써라. 당신이 먼저 많이 물려주라. 쇼핑몰이 있는 곳은 멀리 돌아서 가라. 중고 장터를 이용하고, 자신이 가진 물건의 진정한 가치를 매겨라. 아이의 옷장이 가득 차서 더 이상 넣을 공간이 없을 때는 아이의 '생일 초대장'에 과감히 적어라. '선물은 받지 않음'이라고."[26]

일본인 일러스트레이터 유루리 마이는 만화책 《우리 집엔 아무것도 없어》에서 '버리기 비법'을 소개한다.

- 지금 나에게 꼭 필요한지 묻는다.
- 아깝다는 걸 핑계 삼지 않는다.
- 선입견을 버리고 집안의 물건들을 돌아본다.
- 실패를 두려워하지 않는다. 실수로 꼭 필요한 물건을 버렸다고 해도 다시 사면 그만이다.[27]

장난감보다 엄마와 함께하는 놀이가 더 '기쁨 유효기간'이 길다는 걸 몸소 체험하니 자신감이 붙었다. 장난감을 하나둘 사더라도 내 에너지가 허용할 수 있는 범위 내에서 들이니 스트레스도 줄었다.

풍요 속의 결핍이 아닌 결핍 속에서 풍요로운 요즘이다. 결핍으로 채울 수 있는 건 '엄마표 장난감'을 하나라도 더 만들어주는 게 아닐까. 장난감 없이 살겠다는 말은 아니다. 항상 '자각'하겠다는 게다. 장난감을 또 사줄지, 라면박스 하나로 아이와 장난치며 놀아줄지.

육아가 유난히 고된 어느 날

대형마트, 전통시장, 생협, 택배, 엄마의 선택은?

장보기

달걀 배달 왔습니다!

전남 순천에서 닭을 키우는 농부가 있다. 농부 이름은 김계수. 그는 일주일에 두 번씩 시내의 아파트를 돌며 유정란 배달에 나선다. 그의 맛깔난 이야기는 《나는 달걀 배달하는 농부》에서 볼 수 있는데, 책에 실린 글을 참고삼아 상상해봤다.[28]

띵동.

"김계수입니다. 달걀 배달 왔습니다."

"어머 안녕하세요. 저희 집 삼겹살 굽고 있었는데, 들어와서 좀 드시다 가세요."

"허허. 괜찮습니다."

"오시라니까요?"

"그래도 될까요?"

"요즘 김 사장님네 달걀이 어째 전보다 더 맛있어진 것 같아요. 닭 키우기는 괜찮으세요?"

"뭐 똑같죠. 요즘은 자식들 다 키워놓고 이런 생각을 해요. 병아리를 키우는 것처럼 아이를 키웠더라면 하고요. 병아리야말로 키우는 게 단순해 보이지만 그렇지 않거든요. 우리는 제대로 준비가 안 된 상태에서 부모가 되잖아요. 병아리 크는 과정은 서투른 부모의 애지중지가 꼭 능사도 최선도 아니라는 걸 보여줘요. 생명의 경이에 믿음이 생기는 이유죠."

"김 사장님의 닭 사랑은 알아줘야 한다니까요."

감히 김계수 사장님의 상황극을 응용해본 이유는 여기에 있다. 요즘 귀한 달걀을 이렇게 생산자에게 택배가 아닌 일대일 직거래로 직접 받아먹는 일이 있구나 싶어서. 또 하나, 배달원과 이렇게 사는 이야기를 할 수 있구나 하는 놀라움에.

마트가 우리에게서 빼앗은 것들

나는 택배 배달원과 배달된, 배달될 '물건'을 두고 의사소통할 뿐 더 진전된 관계는 없다. 배달 받는 이들과 대화를 나누는 김계수 사장님과는 다른 일상이다. 오랜 세월 신뢰를 쌓은 것도 아닐뿐더러 그 사람의 진면모를 모른다. 간혹 "도착했습니다. 좋은 하루 보내세요." 하는 친절한 문자에 답하거나 시원한 음료수 한 잔 드리는 게 전부다.

지금 사는 곳에선 이마저도 힘들어졌다. 군부대 안이라 보안상 택배

육아가 유난히 고된 어느 날

보관실이 따로 있고 거기까지 차로 움직여야 한다. 택배가 도착한 날짜, 택배사(우체국은 제외)까지 알아서 체크해야 하므로 여간 번거로운 게 아니다. 택배가 빠르고 간편한 배달 수단임을 까맣게 잊어버릴 만큼. 찾는 시간마저 제약이 있어 자연스럽게 택배 주문을 꺼리게 되었다.

한 달 가까이 택배가 오지 않은 적이 있다고 하면 누가 믿을까, 요즘 세상에. 그것도 아이 키우는 집에서(보통의 집이라면 오전에 필요한 물건을 주문해서 그날 오후에 받을 수 있는 곳이 많다. 엄마들이 택배기사님을 목 빠지게 기다리는 이유다. 게다가 그분은 남편도 아이도 불러주지 않는 내 이름 석 자를 친절하게 불러 주신다). 결국 어지간하면 '오프라인'을 선호하게 되었다.

한동안 고민했다. 햄릿이 "죽느냐, 사느냐 그것이 문제로다"를 고민했다면, 나는 '어디서 사느냐(Buy), 어떻게 하면 잘 사느냐(Live)'를 고민했다. 가장 만만한 게 '대형마트'였다. 대형마트는 만능이다. 분류가 잘 되어 아기와 관련된 제품을 동선에 맞춰 살 수 있다는 점이 엄마들의 마음을 끌어당긴다. 사고 싶고, 갖고 싶은 것으로 가득 찬 욕망을 카트라는 공간에 마구잡이식으로 담을 수 있다. 주차도 편하고 어린아이를 쇼핑카트 위에 앉혀둠으로써 몸이 한결 자유로워질 수 있다. 날씨에 상관없이 쇼핑할 수 있으며 화장실도 깨끗하고 넓다.

그런데 시간이 지나면서 마트 곳곳에 도사린 위험을 조금씩 알아채게 되었다. 원 플러스 원, 최저가 타이틀의 유혹. 막상 사오면 이 물건이 꼭 필요했는지, 브랜드 마케팅이나 세일 가격에 현혹되어 영수증을 보고 후회한 적이 적잖게 있어서다. 돈을 아끼려고 물건을 샀는데 예상 금액보다 초과하는 경우도 많았고, 필요한 것보다 많이 사서 '쟁여두기' '쟁여둬서 버리기'도 했다. 마트에 가면 갈수록 냉장고가 비대해졌다.

신승철 씨는 《마트가 우리에게서 빼앗은 것들》이라는 책에서 우리가 모르는 마트의 뒷모습을 지적했다. 우선 할인 쿠폰. 더 많은 소비를 유도하려는 값싼 의도를 감추지 않는다. 쿠폰은 필요하지도 않은 물건을 사는 결과를 낳는다.[29]

결국, 마트의 선물이라기보다는 지갑을 순순히 열게 만들겠다는 의도, 그게 본심인 셈이다. 먹고 사는 문제는 인생에서 제일 중요한 가치라고 생각하지만, 기호와 욕망의 소비 생활을 가장 잘 보여주는 장소가 마트인 건 부인할 수 없다. TV나 인터넷 등이 소비 욕구를 자극해 필요하지도 않은 물건을 집어 드는 경우가 많기 때문이다. 엄마도 혼란스러워질 때가 있는데 아이는 더할 것이다. 아이의 눈에도 사고 싶은 것, 탐나는 것이 곳곳에 있다. 장난감이며 군것질이며 품목이 많은 마트, 이 신세계에서는 더 그럴 수밖에. 마트 안에서 '사고 싶은 자'와 '사주지 않으려는 자'의 실랑이가 벌어진다.

또 저자는 세계화 열풍의 중심지에 서 있는 마트를 꿰뚫어 본다. 자유무역 시대가 열리면서, 마트에서도 다른 나라에서 온 온갖 제품을 볼 수 있는데 한국과 운송 거리가 먼 곳에서 온 농산물일수록 농약과 방부제로 코팅을 했다고 보면 된단다. 반대로 푸드 마일리지가 낮은 농산물일수록 안전하다는 아주 간단한 논리다.

생협에서 정을 산다

대학 시절, 방학에 잠깐 과일 공장에서 아르바이트를 한 적이 있다. 그 공장은 저 멀리 바다 건너온 과일을 모아둔 곳이었다. 나와 비슷한 대학생

육아가 유난히 고된 어느 날

횡성여성농업인센터에서

열리는 직거래 장터.

들은 빛도 비치지 않는 그곳에서 용돈을 벌려고 온종일 레일로 내려오는 과일을 중량에 맞춰 스티로폼 박스에 넣는 일을 했다. 포장지에 싼 과일은 대형마트에 납품됐는데, 나중에 내가 포장한 그 제품을 마트에서 보고 다양한 감정에 휩싸였더랬다. 영혼 없이 포장된 과일인 걸 알아서일까. 신선해 보이지 않았다.

최근 택배에 이어 대형마트로 가는 횟수를 줄였다. 마트를 한 바퀴 돌고 걷는 건 좋지만, 본격적으로 물건을 사려고 하면 이방인이 되는 기분이 들어서다. 대신 발걸음을 전통시장과 소비자생활협동조합(생협)으로 돌렸다. 두레생협, 아이쿱생협, 한살림, 행복중심 등 생협은 생산자와 소비자가 친환경 유기농산물을 서로 직거래하려고 만든 조직이다. 생산자는 안정적 판로를 확보해 농사짓는 데 전념하고, 소비자는 안심되는 먹거리를 늘 적정가격으로 구할 수 있는 게 장점이다.

막연히 친환경 농산물은 비싸다는 편견이 있는데, 오히려 대형마트보다 훨씬 싼 제품도 많다. 생산자와 소비자의 직거래 방식을 따르기 때문에 생산자와 소비자 모두에게 윈-윈이다. 조류인플루엔자 확산으로 달걀값이 치솟는 와중에도 생협 매장의 가격표는 거의 바뀌지 않은 게 대표적인 사례. 생협 조합원은 매장에서 사거나 전화나 홈페이지, 모바일 앱으로도 주문할 수 있다. 저녁에 찾아갈 테니 "두부 한 모 좀 남겨 달라"고 할 수 있다는 말이다.

여기에 더해 나는 지역 내 한살림에서 발간하는 소식지 편집 모임을 시작했다. 소식지에는 이달 파는 각종 농산물이며, 농산물을 활용해 만들 수 있는 음식, 각종 모임 등이 실려 있다. 특히 생산자들의 이야기를 듣노라면, '먹고 사는 일'의 귀함을 깨닫곤 한다.

육아가 유난히 고된 어느 날

옆 동네인 횡성전통시장도 자주 찾는다. 북적북적하고 무언가 정리되지 않은 어설픔이 좋다. 현재 횡성장은 1일과 6일에 서는데 1770년 조선 영조 때 동국문헌비고에 횡성읍내장이라는 이름으로 처음 등장했으니 최소 200년의 역사가 있는 셈이다. 시장 인근에서 카페를 운영하시는 어르신께 "왜 사람들이 여기로 몰릴까요?" 하고 여쭤보니 이런 답이 돌아왔다. "횡성전통시장은 깊은 전통과 역사를 자랑하고 있잖아요? 이게 문화로 정착됐단 말이죠. 이 문화, 정이 좋은 거예요. 그래서 타지역에서도 오죠." 나는 웃음으로 화답했다. 어쩌면 나는 정이 그리웠는지도.

　가정의 소비 주체는 대부분 엄마다. 엄마의 소비행태가 시장의 방향성을 좌우하다시피 한다. 엄마는 온라인과 오프라인을 넘나들며 장을 본다. 어디에서 장을 보든 자유다. 다만, 대형 유통기업의 독과점 아성을 무너뜨릴 수 있는 착한 소비의 장이 지금보다 넘쳐났으면 좋겠다.

'미니멀 라이프',
나는 유지관리예술인

살 림

'미니멀 라이프' '심플 라이프' 비움부터 시작!

버리는 게 유행이란다. 비우는 게 대세란다. 처음엔 뭔 말인가 했다. 도
통 와 닿질 않아서. 그 분야에서 나름 유명하다는 블로그를 용케 찾아냈
다. 헌옷 정리하기, 화장대나 책상 위에 쓸데없는 물건 두지 않기, 냉장
고 속 깔끔하게 정리하기. 그들이 사는 모습을 모니터로 훔쳐보며 넋이
빠졌다. 그들을 존경하다 못해 찬양했다. 이게 벌써 2년이 됐으니, 지금
내 삶은 많이 변했다.

'뭐 버릴 거 없나?' 먹이를 찾는 하이에나처럼 틈만 나면 집안을 뒤진
다. 그리곤 버린다. 이제는 사는 것도 비우는 횟수도 줄었다. 미니멀이다,
심플이다 불리는 이름이야 다양하지만, 굵직한 가치관은 일맥상통한다.
최소한의 ○○만으로 살기. 가운데 빈 '○○'은 물건이 되기도, 인맥이 되
기도 하고 넣기 나름이다(누군가 남편 비우기를 하고 싶다고 해서 크게 웃었다).

육아가 유난히 고된 어느 날

나는 물건을 비운다는 데 흥미를 느꼈다. 그리하여 어느 날 안방 장롱을 정리했다면, 그다음 날에는 싱크대 위 선반을 치우는 식으로 청소했다. 정리할 물건이 늘어난 데는 일정한 흐름이 있었다. 물건이 자꾸만 쌓이고 쌓여서, 그 물건들을 담아 둘 공간박스를 샀고, 공간박스가 쌓이고 쌓여 보는 것 자체로 스트레스를 받았던 것이다. 여기서 한 가지 깨달음을 얻었다. 많이 소유할수록 행복한 건 아니라는 사실.

비움도 점점 탄력을 받았다. 헌책은 중고서점에 팔고, 안 쓰는 가방과 옷은 기증했다. 옷장에는 그 계절에 입을 옷만 걸어뒀다. 유통기한 지난 화장품 샘플도 다 버렸다. 미련 없이. 각종 보험증서와 가전제품 설명서는 파일첩 하나에 담았다. 이것만으로도 집안이 확실히 깨끗해졌다. 물건 본래의 가치를 찾고 일상을 정돈하는 방법은 생각보다 간단했다. 그동안은 내가 집주인인지 물건이 집주인인지 헷갈렸더랬다.

비울수록 물건을 바라보는 시선도 달라졌다. 정말 필요한 물건 앞에서만 지갑을 연다. 비우면 비울수록 이상하게도 불가능하다고 생각하던 일이 더 잘됐다. 무엇보다도 물건으로 받던 스트레스가 없어져 아이에게 가던 부정적인 영향이 덜어졌다(예전에는 아이를 케어하랴 물건을 치우랴 정신이 없었다).

비움이라는 수양으로 얻는 행복

불쾌감이 사라지니 피로도가 저절로 감소했다. 물건을 향한 집착과 욕망을 버리게 되자 내 삶의 다른 부분에도 긍정적인 파급 효과가 나타났다. 이쯤 되면 비움이라는 수양을 통해 행복을 찾아가는 수도승의 모습 같지 않나.

베스트셀러《달팽이가 느려도 늦지 않다》의 저자이자 '비구니 DJ'로 알려진 정목 스님(정각사 주지)은 한 언론사와의 인터뷰에서 이런 말을 했다.

"모두 제자리에 있어야 고요해질 수 있습니다. 시간을 단축할 수 있고, 불필요한 에너지 낭비도 막을 수 있지요. 그리고 정리를 해야 필요한 것과 필요하지 않은 것을 구별할 수가 있습니다. 생활에 꼭 필요한 물건에 대한 예의일뿐더러 불필요한 물욕을 줄이는 방법이기도 합니다. 정리를 하면 생활에도 마음에도 여유와 여백이 생깁니다. 기도와 명상을 하는 것과 마찬가지로 말이지요. 여유가 있어야 타인을 이해할 수 있어요."[30]

나는 청소하면서 사물과 마음을 나눈다는 정목스님의 말을 이제서야 조금 이해하게 되었다. 물건을 비우면서 내 마음에도 여유라는 게 생겼으니까. 물욕은 줄어도 식욕은 줄지 않았다는 게 '함정'이지만, 그래도 만족한다. 비움의 기준은 저마다 다른 법이니까.

육아가 유난히 고된 어느 날

기증 사이트

꼭 필요하지도 않은데 집안을 꽉 채우는 물건들이 눈에 거슬리고 답답하다면? 의미 있게 기증해보자.

옷캔 otcan.org
굿윌스토어 www.miralgoodwill.org
아름다운가게 www.beautifulstore.org
미혼모자 지원기관 애란원 www.aeranwon.org

자신의 가치관과 맞는 단체, 어린이집, 지역 위치 기관에 직접 전화하는 방법도 있다.

미니멀 라이프를 다룬 책

가네코 유키코, 《사지 않는 습관》, 올댓북스, 2014.

도미니크 로로, 《심플하게 산다》, 바다출판사, 2012.

도은, 여연, 하연, 《없는 것이 많아서 자유로운》, 행성B, 2012.

비 존슨, 《나는 쓰레기 없이 산다》, 청림Life, 2014.

미니멀라이프연구회, 《아무것도 없는 방에 살고 싶다》, 샘터, 2016.

박미현, 《날마다 미니멀 라이프》, 조선앤북, 2017.

선혜림, 《처음 시작하는 미니멀 라이프》, 앵글북스, 2016.

아키, 《나에게 맞는 미니멀 라이프》, 웅진리빙하우스, 2018.

윤선현, 《하루 15분 정리의 힘》, 위즈덤하우스, 2012.

웬디 제하나라 트레메인, 《좋은 인생 실험실》, 샨티, 2016.

이찬영, 《기록형 인간》, 매일경제신문사, 2014.

프랜신 제이, 《단순함의 즐거움》, 21세기북스, 2017.

'인기' 있는 육아서,
'결'이 맞는 육아서

육아서

없던 결정 장애까지 생기더라

여성지에서 일할 때 신간 소개 코너를 맡은 적이 있다. 매주 들어오는 책만 해도 어마어마했다. 흩어져있는 책들을 모아 분류해 책꽂이에 넣어두는 게 또 다른 일이 될 만큼. 특히나 육아서가 많이 들어왔다. 유아교육, 심리 분야 전문가가 쓴 책이며 아이 교육을 잘했다고 입소문이 난 엄마의 에세이며 다양했다. 책을 소개하면서 많이 읽기도 했는데 한 가지 공통점을 발견했다. 대부분 내 아이를 잘 키우고 싶다는 목표 하나로 육아서를 고르고 읽는다는 점.

아이를 낳고선 서점에 가도 습관처럼 육아서 코너로 발걸음을 돌리는 나를 발견하게 되었다. 육아로 마음이 헛헛해진 날이면 기어이 한두 권을 사 들고 왔다. '내가 과연 방향을 제대로 잡은 걸까?' '아이를 낳고 키운다는 건 대체 뭘까?' 혼란스러운 마음을 책에 의존하고 싶었나 보다.

육아가 유난히 고된 어느 날

그러나 다들 알 것이다. 육아서에서 몰랐던 정보를 얻기도 하지만, 불안을 깨끗하게 해소해주진 않는다는 걸.

어느 날은 '이래야 한다' '저래야 한다' 식의 정보를 주입하고 무슨 대단한 마음을 먹은 듯 "그래, 오늘은 이렇게 해야겠어"라고 결심했더랬다. 그러다 내 현실과 다르면 초조해졌다. '책 속에 나온 아이는 이런 방법을 쓰면 문제가 해결된다는데, 왜 내 아이는?' '이론은 이론일 때가 많은 것 같은데?' 오히려 내게 새로운 질문과 숙제가 남겨졌다. 혹 떼러 갔다가 혹 붙인 격이었다. '육아서를 읽을 바에야 좋아하는 분야의 책을 한 번이라도 더 읽겠어!' 한동안 육아서를 멀리했다. 한 엄마가 그랬다. 육아서의 결론은 전부 엄마 탓인 것 같다고.

책 밖으로 나와서 아이를 바라보고 몸으로 부딪히며 내 방식대로 육아를 했다. 시간이 좀 지난 후 전에 봤던 육아서들을 다시 펼쳐 보니 그때와는 다르게 읽혔다. 어떤 책의 육아법을 따를까 매 순간 '멈칫'하던 결정 장애는 내가 나약해서 생긴 문제가 아니었다. 내 나름의 육아를 정립하기도 전에 남의 육아를 따라 하려던 게 문제의 원인이었다. 그리고 당시 나 역시 그 육아 정보를 수용할 그릇이 아니었던 게다.

"우리 세대에게는 무엇이든 허락되고, 그래서 무엇이든 할 수 있다. 선택의 범위도 그만큼 넓어진다. 그러다 보니 오히려 '뭐든 좋으니 어떤 기준이 있었으면 좋겠다'는 마음도 들기 마련이다."[31]

독일의 유명 저널리스트 올리버 예게스가 쓴 《결정 장애 세대》에 나오는 구절이다. 육아서를 보면 '결정 장애 엄마'가 될 때가 많았다. 양이며 종류며 너무나 다양해 옥석을 가리기 쉽지 않았다. '햄릿 증후군'이라 불리는 현대인의 결정 장애 현상은 정보 과잉에서 비롯되지 않았는가.

프래그머티즘, 나와 맞는 육아서를 찾아서

나는 어느 선까지 육아서와 타협할지 스스로 정했다. 먼저 구체적인 목적으로 들춰보지 않고, 그냥 본다면 '결'이 맞는 책을 읽자고 기준을 세웠다. 자기에게 맞는 사람을 찾아 사랑하는 것을 프래그마(pragma)라고 한다. 사랑이야말로 자신의 의도대로 되진 않지만, 적어도 그 사람의 무늬와 결은 직감으로 조금은 알 수 있다.

사람과 대화를 나누다 보면 나와 '결이 맞는 것 같다'는 생각이 들 때가 있듯 책도 보면 볼수록 편해지는 책이 있고, 불편해지는 책이 있다. 후자는 결이 안 맞는 것이다. 이 경우엔 아무리 유명한 베스트셀러일지라도 참고하는 데 그치면 된다. 출판사에서는 보통 인지도 있는 저자, 참신한 기획력을 바탕으로 출간하기 때문에 읽었을 때 마음이 편안해지는, 수긍이 가는 책을 고르면 된다.

또 하나, 굳이 유행을 따르지 말자고 다짐했다. 육아에는 항상 트렌드가 있다. 그 트렌드는 시대에 따라 변한다. 예컨대 1970~80년대에는 문교부장관 정원식 박사가 육아계의 대부 역할을 도맡았다. 유대인의 가정교육을 소개한 칼럼을 엮어 출간한 《머리를 써서 살아라》(샘터사, 1977)가 백만 권이 넘게 팔려서 그는 베스트셀러 작가가 되었다. 남녀평등사상이 본격적으로 확대된 90년대에는 여성학자가 펴낸 책, 소아청소년과 전문의가 쓴 백과사전 형식의 책이 인기를 끌었다. 온라인으로 의사소통이 활발해진 2000년대에는 인터넷에서 인기를 끈 내용을 바탕으로 나온 육아서가 많아졌다. 2000년대 후반에는 육아 관련 다큐멘터리가 인기를 끌면서 《아이의 사생활》《아이의 자존감》《아이의 자기조절력》 등이 출간됐다.[32]

이처럼 육아 트렌드는 고수가 훈계하듯 알려주는 육아법부터 엄마들의 상황과 아픔을 공감해주는 책까지 다양하게 변해왔고 앞으로도 변할 것이다. 지금 읽는 트렌드 육아서가 훗날 시대에 뒤떨어진 구닥다리 이야기가 될 수도 있다. 트렌드에 덜 민감하면 여러 육아서에 휘둘릴 가능성이 적다.

마지막으로 사색의 시간을 갖는 것이다. 남의 답이 내 답이 될 수 없다. 육아서를 읽다 종종 시선이 멈추던 부분을 프린트해 냉장고 앞에 붙여두고 틈틈이 그 구절들을 읽으며 나만의 고민 해결 지점을 찾는다. 사람의 마음은 얼굴과 같아서 내 것이지만 볼 수 없다. 거울에 비춰보고 나서야 어떤 상태인지 알 수 있다.

영국의 철학자 프랜시스 베이컨은 '아는 것은 힘'이라며 정보의 중요성을 강조했다. 하지만 '정보 과유불급' 시대에 육아서는 본연의 가치를 잃고 오히려 적절한 판단을 방해하는 요소로 전락할 수 있다. 세상 모든 것은 동전의 양면처럼 밝은 면과 어두운 면이 함께 존재한다. 육아서도 그렇다. 고로 괜스레 육아서에 기죽을 필요가 없다.

엄마의 땀내 깊게 스민
중고 육아용품

중고

비싸고 좋은 걸 사줘도 아이는 기억을 못 한다

임신을 한 순간부터 돈이 쉽게 나갔다. 카드사가 정부와 손잡고 내놓은 '국민행복카드'가 있었지만, 지원금은 부족했다. 산전검사와 기형아 검사만 해도 평균 10만 원가량 들었으니 그럴 만했다. '돈 없으면 아이도 못 낳는다'는 말이 근거 없이 나온 게 아니었다.

가계부를 작성할 때마다 정신이 바짝 들었다. 속옷과 레깅스 등 임산부용품을 구입하면서는 가격 대비 퀄리티를 더 따져보게 되었다. 일단 아기가 당장 태어난다는 가정하에 필요한 물건을 검색했다. 기저귀 정리함, 아기침대, 속싸개, 겉싸개 등등 사람마다 권하는 건 가지각색이고 사야 할 육아용품은 끝이 없었다. 결국 지역 카페에서 중고 육아용품을 찾았다. 애들 크는 건 금방이니 어지간한 건 중고로 구하고 싶었다.

한편으로는 비싸고 좋은 걸 사줘도 아이는 기억을 못 한다는 생각도

육아가 유난히 고된 어느 날

있었다. "너 어릴 땐 신상 메이커 원피스만 입혔다. 공주처럼." 친정엄마는 종종 이런 말을 하셨는데 그때마다 "아깝다"며 "지금이나 좋은 거 사 달라"고 칭얼거린 적이 있어서다.

또 하나. 여성지에서 일할 때 엄마들이 보내온 아기용품 리뷰 원고를 손봐서 올리는 작업을 반년 넘게 했었는데, 아이 둘을 키우는 교열 선배는 내게 항상 신신당부했더랬다. "이거 진짜 쓸데없다. 소영 씨는 나중에 이거 사지 마. 허울뿐이야."

이런저런 이유로 개똥철학이 생겼고, 그걸 실행에 옮기기로 했다. 중고로 가장 먼저 구입한 건 침대. 역시나 선택의 연속이었다. 범퍼 침대를 사서 바닥에 눕히느냐, 키가 큰 원목 침대를 구입하느냐. 전자는 허리가 아플 위험이 있고 후자는 짧게 쓰는 대신 엄마 허리에는 무리가 덜하다는 선배 엄마들의 말에 원목 침대를 택했다. 여러 제품을 살펴본 끝에 실제 가격보다 15만 원 정도 저렴하게 구했다. 다음으로 산 건 젖병 소독기와 아기 욕조. 가능하면 출시된 지 3년이 넘은 제품 중 스테디셀러를 찾았다. 처음에는 얼떨떨하던 신랑도 적응이 됐는지 신났다.

중고로 사는 노하우도 생기는 듯했다. 가능하면 직거래를 하고, 선물 들어올 건 굳이 사지 말고, 제품에 대한 공부는 미리 해서 판매자를 귀찮게 하지 않는 것 등.

이토록 애썼지만, 성공 여부는 아이에 따라 다르다는 걸 방심했다. 아이는 원목 침대에서 자는 걸 불편해했으며, 아기 욕조는 신생아가 쓰기엔 컸다. 반면 디럭스 유모차와 젖병 소독기는 효자 노릇을 했다.

결국, 중고도 중고 나름이었다. 그런데 마음은 이상하리만큼 덜 불편했다. 그나마 싸게 사서? 중고 육아용품은 나에게 잔잔한 추억을 선사해 줬다.

남편과 함께 원목 침대를 낑낑거리며 차량 뒷좌석에 싣고 올 때의 뿌듯함. 그때 우리는 아이를 키우는 판매자들의 모습을 현관 너머로 보며 "우리도 이제 세수도 못 하고 저렇게 키워야 하는 거야? 낮밤 바뀐 채로?" 이런 대화를 나누며 곧 닥쳐올 무서운 현실을 우습게 바라봤더랬다.

몇백만 원이 넘는 디럭스 유모차를 10만 원에 올린 판매자를 만나기 위해 만삭의 몸으로 걸어갔던 기억도 선명하다. 막달에는 더 열심히 산책해야 한다는 말을 위로 삼아 씩씩하게 유모차를 끌고 왔던 나.

최근에는 개월 수가 조금 느린 동네 아이에게 우리 아이 옷을 물려주었는데, 그 애가 우리 집에 놀러 올 때마다 우리 아이와 함께했던 일상의 조각이 겹쳐져 미소 짓게 된다. 마치 둘째를 키우는 기분이 든 달까.

헌책방에서 나누는 시간차 대화처럼

중고 육아용품을 쓸 때면 종종 들르던 헌책방에서 느끼는 감정을 느꼈다. 처음 헌책방에 갔을 때는 대체 어디에 시선을 두어야 할지 모를 만큼 정리되지 않은 엄청난 양의 책, 퀴퀴하면서도 눅눅한 냄새, 손때 묻은 타인의 흔적 덕분에 참 낯설었다. 그런데 헌책을 읽다 보니 작가와 독자인 나 사이, 책의 전 주인과도 소통하는 느낌을 받았다. 책의 전 주인이 그은 밑줄이나, 작은 메모를 통해 무심코 읽고 지나갔을 글귀를 다시금 살펴보게 됐다.

고등학교 2학년 때 담임 선생님께선 대학 시절 연애 이야기를 우리에

육아가 유난히 고된 어느 날

게 해주셨다. 언제부턴가 선생님이 학교 도서관에서 책을 빌려볼 때마다 책표지 안쪽에 붙은 대출 목록표에 어떤 여학생 이름이 적혀 있는데 자신과 같은 책을 보는, 비슷한 취향의 그녀가 너무 궁금해서 추적한 끝에 만났다고 한다. 대화가 너무 잘 통해서 연애까지 하게 되었다고(결혼까지는 골인하지 못했다지만 어쨌든).

중고 육아용품에는 나보다 조금 앞서 고군분투하며 아이를 키웠을 엄마의 땀과 눈물, 엷게 묻은 지문이 전해져 오는 듯하다. 그러다 보면 육아용품으로 부모의 재력을 가늠한다는 허례허식과 허영심, 경쟁심과는 거리가 멀어진다. 해서 나는 중고 육아용품을 적극적으로 추천한다.

그나저나 우리 아이가 나중에 커서 "엄마는 나 중고로 산 옷만 입혔잖아"라고 핀잔하지는 않겠지? 갑자기 어떻게 답할지 대처법을 연구해야겠다는 생각도 든다.

돈, 돈, '돈'이 뭐길래.
못 해줘서 미안해?

돈

재테크는 머리 아파

신혼 초, 남편이 본인 용돈을 제외하고 월급을 이체했다고 말했다. 통장 내역을 확인하는 순간 웃음이 터져 나왔다. 입금자명을 이렇게 써서 보내서다. '생명을 바쳐 번 돈'. 곱씹어 보니 맞는 말이었다. 괜스레 찔렸다. '힘들게 돈 벌고 있으니 돈 좀 작작 쓰라는 건가?' 순수하게 웃길 의도로 쓴 건지 숨은 의도가 있었던 건지 아직도 모르겠다.

우리 집은 결혼 후 경제권을 내가 관리했다. 가계부를 작성하면서 한숨이 늘었다. 지출 내역이 지나치게 많아서다. 결혼 전에는 몰랐다. 자동차세, 주민세, 관리비, 전기세, 가스 요금, 교통비, 통신비 등 아무것도 사지 않아도, 숨쉬기만 해도, 돈 들어갈 데가 이렇게 많다는 걸. 돈이야말로 밀물처럼 왔다가 썰물처럼 빠져나가기를 잘하는 녀석이었다.

한동안 '가계부 분석'도 해봤다. 수입란에는 주수입(월급)과 부수입(원

육아가 유난히 고된 어느 날

고를 써서 받은 돈)을 구체적으로 적었다. 지출란에는 장본 것, 공과금, 외식비 등을 분류해서 어떤 부분에서 돈이 새는지 살펴봤다. '카카오 택시'에 빠져 있기도 했고, 출근 전 카페에서 마신 커피값도 상당했다. 다음날, 큰맘 먹고 지갑을 안 들고 출근했다. 허나 배가 고파서 지출을 막을 수 없었다. 어떻게 돈을 썼냐고? 젠장 '휴대폰 결제'가 있었다.

지갑을 안 들고나와도 돈을 쓸 수 있는 시대, 어떻게 하면 수많은 유혹을 뿌리치고 현명한 소비자가 될 수 있을까. 고민 끝에 돈 좀 아껴 쓴다는 언니에게 조언을 구했다. 7년 차 직장인인 그녀가 이따금 블로그에 '현금 지출 흐름 표'와 '미리 쓰는 가계부'를 올리곤 하는데 그게 대체 뭔지 궁금했다.

"말 그대로 가계부를 미리 쓰는 거야. 그 주에 있을 약속, 주변 사람들 생일, 그 외 경조사, 생필품 구입까지 금액이 얼마나 들어갈지 미리 잡아두고 그 이상은 안 써. 예를 들어 내 일주일 용돈이 10만 원이고 그 주에 친구 생일이 있다면(생일선물 5만 원으로 치고), 남은 돈 5만 원으로 일주일을 사는 계획을 세우고 그 이상은 지출하지 않는 거야."

보통 가계부는 지출 후에 쓰는데, 지출 전에 쓴다는 게 색다르게 느껴졌다. 효과가 있을까 되물었더니 당연하다는 답변이 돌아왔다. "확실히 미리 써둔 항목 외에는 돈을 안 쓰게 되더라고. 'no money day(노머니데이)'를 실천하는 거야. 그날은 일부러 상사하고 점심 약속을 잡기도 해(웃음)."

언니에게 또 다른 비결은 없는지 캐물었다.

"이틀에 한 번씩 인터넷으로 카드 명세서 체크하는 것도 좋은 습관이야. 번거롭지만 쇼핑하고 난 다음에 카드 명세서 보면 속 쓰리잖아? 또

나가는 돈, 들어오는 돈 일정을 정리해둬. 이체 일자를 노트나 엑셀에 표시해두는 거야. 마지막으로 '지금 있는 거 잘 쓰기' '정리 잘하기'. 정리를 잘 하면 굳이 안 사도 되는 것들이 눈에 보이거든."

자신의 재산 현황을 엑셀로 만들어놓고 들여다보며 자산상태를 점검하는 언니가 평소보다 곱절은 더 멋있어 보였다. 경매, 주식, 펀드 등 머리 아픈 재테크 기술이 아닌 '현명하게 쓰는 법'에 우선순위를 둔 가치관은 내 생각과도 일치했다.

엄마, 돈 앞에서 '휘청'

여자가 늙어서 꼭 필요한 5가지는 돈·딸·건강·친구·찜질방인 반면, 남자는 부인·아내·집사람·와이프·애들 엄마라는 우스갯소리가 있다. 여자와 돈, 돈과 여성, 엄마와 돈, 이 둘은 대체 어떤 관계일까. '짠순이' '아줌마' '살림꾼'이라는 단어 속에는 적어도 '돈을 아껴 쓰는 여자'라는 의미가 내포되어 있다. 자립적인, 독립적인, 자수성가한, 진취적인 등 긍정적인 뜻으로 해석될 수도 있다.

돈은 우리가 맺는 모든 관계에 개입되어 있기 때문에 감정적이고 불안정한 태도, 모호한 태도는 자신을 힘들게 한다. 하다못해 엄마들이 일을 계속할 것인지, 그만둘 것인지도 거의 돈에 달려있다. 베이비시터 혹은 친정·시부모님에게 드리는 돈을 제외하고 현실적으로 얼마나 남는지 계산기를 두드려봐야 하니까.

아이를 키우는 엄마들은 더러 돈 문제에서 중심을 잡기가 힘들다. 육아 관련 지출은 안 하면 안 되는, 남들이 하니까 다 해야 하는 사회적 분

육아가 유난히 고된 어느 날

위기와 기업체의 마케팅 즉 '주변의 것들'이 '현재 상황'을 직시하지 못하게 방해한다. '소비심리'가 바로 이것이다. "저 집은 돈이 많은가 봐. 유모차도 비싼 거네?" "국제 학교 보낸다고? 어느 정도 돈이 있는 집안이네." "아니 여행 또 갔어? 여유가 있네." 등 엄마가 '돈'으로만 잣대를 세우면 세상 모든 게 돈으로 보인다. 돈 때문에 못 해주는 게 생기면 자녀에게 한없이 미안해진다.

나는 고질병처럼 돈에 집착이 생기려고 들면 돈 자체보다 ('적게 써야 해' '더 많이 벌어야 해' '모아야 해'가 아니라) '어떤 인생을 살고 싶은지'를 그려본다. 신랑과 은퇴한 후에는 강릉이나 제주에서 한두 해 살아보자고 했다. 전세도 좋고 렌트도 좋다. 돈을 벌지 않아도 버틸 생활비는 있어야겠다. 이런 식으로 상상하다 보면 까다로운 재무 설계를 받는 것보다 더 긴장된다. '돈'에 끌려다니지 않고, '돈'을 갖고 어떤 인생을 가슴 뛰게 살 것인지 생각하니 돈에 좌우지되던 조바심이 사라졌다. 집도 마련하고 노후도 대비해야 하는데 배부른 소리라고 할 수 있겠지만. 조금만 관점을 달리해서 보니 금융상품에 혹하지 않고 불안해지지 않는다는 얘기다.

물욕도 조금은 사라졌다. 작은 습관과 행동이 저절로 생겼다. 노소비는 불가능해도 쓸데없는 소비가 덜해졌다. 나에게, 아이에게 정말 필요한 것, 하나를 사더라도 제대로 된 것을 사고, 다이소에 가서 싸다고 이것저것 집어왔던 나는 사라졌다. 내가 적게나마 벌던 돈에서 저축도 나를 위해, 내 이름으로 하게 됐다. 따로 소액 적금을 들어서 자유롭게 넣었다. 좋아하는 지인에게 이따금 꽃 선물도 보내고, 사랑을 전하는 데 돈을 쓸 줄도 알게 됐다.

재테크 서적 《엄마의 돈 공부》를 펴낸 이지영 작가는 엄마야말로 돈 공부를 시작해야 한다고 말한다. 평소에 어떻게 하면 돈을 잘 벌고, 관리하고, 불릴 수 있을지 꾸준히 생각하는 엄마라면 남편이 돈을 벌지 못하게 되거나 경제적으로 어려운 상황이 닥쳐도 침착하게 헤쳐나갈 힘이 있다는 것. 두 아이의 엄마인 그녀는 1,500만 원으로 신혼을 시작해 현재 순 자산 20억 원을 보유한, 눈에 띄는 재테크 이력을 갖고 있다. 엄마들이 할 수 있는 돈 공부 팁으로 그녀가 제안한 몇 가지를 소개하자면 이렇다.

- 하루 10분 만이라도 경제신문 읽기. 시간이 없다면 부동산, 금리, 대기업 동향 등 큰 제목 위주로 보기
- 전업맘이면 출퇴근 시간을 활용해 이어폰을 끼고 경제 관련 강의 듣기
- 워킹맘이면 놀이터에서 아이들이 또래와 노는 동안 스크랩한 기사나 책 읽기
- 2주에 한 번씩 부동산에 들러 전셋값이나 매수, 매도 시기를 묻기
- 자신의 잠재력을 믿고 계발하기

꿀팁도 활용하기 나름이겠지만, 돈 앞에서 좀 더 당당한 엄마가 되고 싶다. 또 하나, 돈이 결코 권력은 아니라는 사실을 아이에게 알려주고 싶다. "능력 없으면 너네 부모를 원망해. 돈도 실력이야." SNS에서 돈 없는 이들을 조롱한 이의 엄마는 국정 농단으로 감옥에 있지 않은가.

육아가 유난히 고된 어느 날

한 몫 챙긴다는 심리?
기부는 어때요

돌잔치

의례 같은 행사도 축제가 될 수 있구나

벚꽃이 피고 지는 4월이 왔다. 굳이 벚꽃이 아니어도 길가에 핀 이름 모를 들꽃도 마음을 툭 건드리는 나날의 연속이다. 이맘때면 주위에서 결혼 소식이 하나둘 들려온다. 그리 무덥지도 춥지도 않은 달. 3월은 추운 기운이 남아있고 5월은 어린이날, 어버이날 등 행사가 많아서 부담스러운데 4월은 결혼하기 딱 좋은 달이다. 요즘 내 BGM 선곡 1순위는 장범준의 〈그녀가 곁에 없다면〉이다. "떨어져 있어도 난 너를/ 이해하고 믿어주며/ 영원히 널 닮아가며/ 너만을 사랑해야지." 가사를 흥얼거리면 금세 마음이 몽글몽글해진다.

　문득 신문사에서 같이 근무했던 선배의 결혼식이 생각났다. 소규모 파티를 하는 곳에서 열린 작은 결혼식이었다. 짐작건대 하객 수가 100명도 넘지 않았다. 결혼 전부터 가까운 지인 몇 명만 초대한다고 들었는데 실제로 보니 놀라웠다. 나 역시 작은 결혼식을 꿈꿨던 터라(비록 못 이뤘지만) 선배가 대단해 보였다. 작은 결혼식은 아무래도 양가 부모님의 이해와 배려가 필요하니까.

진행은 일반 결혼식과 달랐다. 주례가 없는 대신, 신랑·신부가 하객들에게 전하는 편지, 신랑·신부 친구들의 편지, 양가 부모님이 직접 준비해온 편지 등을 읽는 식으로 이뤄졌다. 모두가 식 자체에 집중하는 분위기였다. 너도나도 이런 결혼식을 꿈꿨다고 입을 모았다. 내 결혼식에서도 흘리지 않던 눈물을 선배 결혼식장에서 흘렸다. 자리마다 올라와 있는 이름표 뒤에 적힌 손편지 역시 하객들 마음에 감동의 불을 지폈다. 임신 중인데 와줘서 너무 고맙다며 좋은 인연을 계속 이어가자는 선배의 편지를 받았다. 나도 선배에게 고마웠다. 그동안 결혼식은 의례적인 행사로만 여겼는데 축제가 될 수도 있다는 걸 배웠기 때문이다.

초대하는 이도, 초대받은 이도 불편한 돌잔치는 그만

선배 결혼식이 멋졌다고 결혼식을 또 치를 수는 없는 법. 가까운 시일 내 치를 행사는 '결혼식'이 아닌 '돌잔치'였다. 돌잔치는 과거 신생아 사망률이 높던 시절에 생후 1년 동안 무사히 살아남은 것을 축하하는 의미에서 비롯됐다. 요즘은 사정이 완전히 달라졌다. 영아사망률은 1000명당 3명(2013년 기준)으로 경제협력개발기구(OECD) 평균(4.1명)보다도 낮은 상황이다. 이제 돌잔치는 1년간의 찬란했던 아이의 변화를 지인들에게 공개하는 자리인 셈이다. 지금껏 살아남은 것보다 앞으로 '살아갈 날'을 축하해주는 자리.

육아가 유난히 고된 어느 날

1년간 아이의 변화는 강산도 변한다는 10년의 변화보다 놀라웠다. 목도 못 가누고 울기만 하고 눈만 끔벅거리던 아이는, 어느 순간 몸을 뒤집더니 '음마' '아바'라는 말을 하며 어설프게나마 직립보행을 시도했다. 엄마 아빠에게 1년이라는 시간은 영원히 간직하고 싶은 귀한 시간이다. 다만 1시간가량 열리는 '돌잔치'에는 주춤한다. 엄마들에게는 '돌잔치'가 혼자 감당해야 할 '돌숙제' '돌과제'로 변모한 지 오래다. 우선 보통 돌잔치를 하려면 알아볼 게 한둘이 아니다. 장소 예약부터 한복 또는 드레스 예약, 맞춤 돌상 업체 섭외, 스튜디오 촬영 예약, 성장 동영상 제작 등. '아이에게 추억을 남겨주고 싶은 마음' 때문에 추가하고 싶은 사항도 많아진다. 결혼식에만 있는 줄 알았던 이른바 '스·드·메'(스튜디오 촬영, 드레스, 메이크업을 줄여 부르는 말)가 돌잔치에도 있다는 사실! 이렇게나 힘들게 준비했는데 더 신경 쓰이는 건 따로 있다. 바로 지인 초대다. 돌잔치 초대장은 결혼식 초대장을 보내는 것과는 조금 다르다. 결혼 이후에 알게 모르게 멀어진 사이도 있고, 회사 동료들을 부르기도 눈치가 보인다.

실제 돌잔치와 관련한 기사에 달린 댓글 대다수가 이렇다. '돌잔치=강제수금' '자기 새끼 생일을 왜 남한테 축하받으려고 함?' '다 엄마 아빠 욕심이다.' 초대하는 사람도, 초대받은 사람도 모두 불편한 돌잔치. 과거의 돌잔치는 미풍양속의 추억으로 사라질 때가 되지 않았나 싶다.

네 또래 아이의 손을 잡아줬단다

두 아이를 키우는 친구가 이런 말을 해서 놀란 적이 있다. "돌잔치? 그거 꽤 쏠쏠해. 우리도 식대보다 받은 게 많아서 몇 백은 남았어." 수중에 돈이 부족한 친구도 아닌데 축하 이전에 돈을 생각하는 게 자본주의 사회에서는 당연한가 싶어 마음이 불편했더랬다(물론 돌잔치를 하는 이들이 다 이런 생각을 하는 건 아니다).

반면 의미 있는 돌잔치를 위해 노력하는 사람들도 늘고 있다. 돌잔치에 들일 돈을 복지시설에 기부하는 식으로 말이다. 아는 분도 한 복지시설에 기부금을 내는 것으로 돌잔치를 대신했다며 나름의 조언을 해주셨다. "아이는 기억하지 못하겠지만, 저희 부부에게는 정말 의미 있는 날이었어요. 어떤 연예인은 매일 만 원씩 모아서 365만 원을 기부했더라고요. 사실 그 금액이 부담되는 집도 많잖아요. 그래서 36만 5천 원을 내는 분도 있어요."

'생애 첫 기부'라는 작은 팻말을 들고 찍은 가족사진을 봤는데, 후광이 비치는 듯했다. 우리 부부는 상의 끝에 '돌잔치' 대신 집 근처 음식점에서 '돌모임'을 했다. 양가 부모님과 함께 아이를 둘러싸고 담소를 나누자고. 식사 당일, 오랜만에 보는 손주를 껴안고 비비고 노래 부르면서 신난 양가 부모님은 서로 제 자식 키웠던 이야기를 하며 추억을 공유하셨다.

부모님들이 가신 후, 고민은 시작됐다. 온라인 공익 포털에서 마음이 쓰이는 아이를 찾아 일정 금액을 기부할 생각이었는데, 안타까운 사연을 지닌 아이들이 너무 많았다. 그 아이들의 손을 다 잡아줄 수 없어 아쉬웠다. 셀프 돌잡이보다 더 고심한 결과, 인큐베이터에 있는 아이로 택했다. 훗날 아이가 돌잡이 때 저는 뭘 잡았냐고 물어보면 "네 또래 아이의 손을 잡아줬다"고 답하고 싶다.

육아가 유난히 고된 어느 날

외제,
'비싸야 잘 팔린다?'

분유

지난 주말 강남에 위치한 모 백화점에 갔다. 필요한 물건을 몇 가지 사고 집으로 돌아오려는데 마침 아이 분유가 떨어져서 백화점 내 마트에 갔다. 그런데 아무리 둘러봐도 국내산 분유가 한 통도 없는 게 아닌가. 수입 코너도 아니건만 독일, 미국 등 수입 분유만 여러 개 보였다. 가격표를 보니 국내산 분유보다 2~2.5배 높았다. 이상해서 직원에게 물으니 "우리는 이것만 들여놓습니다. 국내 분유는 없습니다"라는 대답이 돌아왔다. 황당하고 위화감이 들었다. 주변 공기마저 탁하게 느껴져 발걸음을 돌렸다.

여러 이유를 추측해봤다. 국내 업체에서 제조하는 분유들이 위생상 문제를 일으켜서? 강남은 국내산 분유 수요가 전혀 없어서? 아무리 생각해도 브랜드를 떠나 국내산이 없다는 게 신경이 쓰였다. 하기야 인터넷 커뮤니티에서도 이런 글을 여럿 봤다. "국산은 믿고 쓸 만한 게 없다" "소아과에서도 아이가 배앓이를 하면 외국 분유를 추천해준다" 등. 심지어 분유 탈 물까지 수입 제품을 쓰는 사람들이 늘었다고 하니 놀랄 일도 아니다.

지난해 국립극단은 〈한국인의 초상〉이라는 작품을 통해 한국인의 민낯을 적나라하게 보여줬다. 극 중 한 남자가 세숫대야에 아기(인형)와 분유를 담아 물에 띄워 보내며 큰 목소리로 외치는 장면이 있다. "아들! 일단 강남으로만 가면 술술 풀려. 풀리게 되어 있어, 다. 먹는 분유도 외제다? 산양 분유 같은 거… 당연히 맛이 끝내주지. 거기는 딴 나라다~ 하늘도 파랗고 사람들 스타일도 다 멋져. 살 가라 아들. 출세해, 강남에서. 나처럼 살지 마!" 정곡을 콕콕 찌르는 대사 아닌가. 외제 유아용품을 사서 쓰는 데 익숙해진 요즘 부모의 육아 풍경을 그린 듯하다.

참으로 아이러니한 게 방송사 기자가 취재한 바에 따르면 수입 분유가 오히려 품질 검사는 허술하단다. 비싼 만큼 안전한 게 아니라는 얘기. 최초로 수입되는 제품이 아니면 서류 검사로만 대충 끝나는 경우가 많단다. 정밀 검사나 재검사를 받는 확률이 적은 건 물론이고. 반대로 국산 분유는 지자체나 수의과학검역원에서 분기마다 한두 차례 제조 공장을 방문해 검사하기 때문에 꽤 까다로운 품질 검사를 거쳐 나온다.

비싸야 잘 팔린다는 '베블런 효과'는 유·아동용품 시장에서 유독 심하게 나타난다. 호갱이 될까 경계하면서도 비싼 육아용품이 영유아기 발달을 이끌고 결국 성인이 돼서도 성공을 보장해준다는 생각이 자리 잡고 있다. 아이에게 더 좋은 걸 먹이고 싶은 엄마 마음을 이해 못 할 바는 아니다. 나 역시 엄마니까. 다만, 외국 브랜드에 대한 막연한 신뢰만으로 몇 배나 비싼 값을 치르며 먹을거리를 선택하는 데 문제가 있다고 본다. '국수주의(nationalism)'로 가자는 게 아니라 적어도 우리것을 배척하는

　　　　　　　　　육아가 유난히 고된 어느 날

태도는 지양했으면 한다. 그리고 분유와 같은 육아 필수재만큼은 정부가 품질 기준을 충족한 육아 제품에 인증마크를 부여하는 등 중저가 제품도 믿고 쓸 수 있게 정책적으로 뒷받침해주었으면 한다.

때마침, 블로그 이웃이 '엄마의 선택(엄선)'이라는 어플을 추천했다. 상품명, 브랜드명으로 식품을 검색하면 상세 정보를 알려주는 앱인데 식품 첨가물 및 위험 정도를 한눈에 볼 수 있어 유용하다. 무조건 외제가 아니라 객관적으로 품질을 따져 보고 구매하는 똑똑한 소비가 절실한 때다.

경력단절
여성이라니
…

엄마의
'시선'

아빠도
아빠가 처음!

아빠 육아

원래 내 일인데 네가 잠깐 해준 거라고?

대다수의 부부가 신혼 초에 무던히도 싸운다고 하는데 우리 부부는 그
렇지 않았다. 그래서 죽이 잘 맞는 부부인 줄 알았다. 지금 생각해보면
참 이상한 일이다. 수십 년을 전혀 다른 환경에서 살아온 사람들이 어
느 날 만나서 한 지붕 아래 싸움 없이 살았다는 건. 아마 한쪽의 '이해'와
'인내'가 있었기에 가능하지 않았을까 싶다.

　아이를 낳고 나자 사정이 달라졌다. 둘 사이에 미세한 균열이 보이기
시작했다. 처음에는 신랑의 결점이 눈에 들어왔다. 그전에는 용인할 수
있던 것들이 아이와 결합하니 답답하게 느껴졌다. 어떤 날에는 아이와
노는 모습조차 마음에 들지 않았다. 그 답답함은 쌓여만 가고 해결의 실
마리는 보이지 않았다.

　신랑이 하는 일련의 인풋(input)에 나는 침묵, 삐짐, 화남, 무반응, 비난

　　　　　　　　　육아가 유난히 고된 어느 날

등의 아웃풋(output)을 보내기 일쑤였다. 나는 '아빠 육아'라는 음식을 만들기 위해 전전긍긍했던 게다. 프라이팬에 신랑을 올려두고 지지고 볶고, 왜 내 마음대로 요리가 되지 않나 끙끙 앓았다. 신랑은 육아를 아내 대신 잠깐 하는 임시적인 일로 생각하는 듯했다. 한번은 내가 화장실에 다녀온 사이 아이에게 이유식을 주다가 내가 오자마자 "자 여기!" 하고 스푼을 건넸다. 그때 그 행동은 마치 '원래 네 일인데 내가 잠깐 해준 거야. 이제 네가 할 일 해야지'라고 말하는 것처럼 느껴졌다.

이런 사소한 문제들은 균열은 물론이고 보이지 않는 거리감을 느끼게 했다. 대화가 필요하다는 걸 체감했다. 신랑은 사실 내가 자유시간을 얻을 때 육아를 온전히 떠맡기가 부담스러웠다고 한다. 아무래도 아이의 성향이나 요구사항 등을 내가 더 잘 안다고 생각해서 그랬던 모양이다. 어느 정도 맞는 말이었다. 나 역시 나름 육아 짬밥을 먹었다고, 신랑을 이제 갓 일병인 것처럼 여겼으니까. (넌 그럼 병장이었니?) 도와주는 수준에 그칠 수밖에 없는 아빠의 현실과 시대가 요구하는 아빠의 역할이 충돌해 본인도 힘들었으리라.

우리 둘 다 엄마는 처음이라서, 아빠는 처음이라서, 부모는 처음이라서 모든 게 어려웠던 게다. 그제야 신랑 어깨에 켜켜이 쌓인 가장이라는 묵직한 무게가 눈에 들어왔다.

신랑의 고백 이후 나는 '아빠 육아'에 대한 기대치를 낮췄다. 아니, 낮췄다고 표현하기보다 아빠 육아에도 다양성이 있다고 받아들이기 시작했다. 칼퇴근을 하는 아빠가 있고, 3교대 근무를 하는 아빠가 있듯 저마다 상황에 맞춰 육아하면 된다고 말이다. TV육아프로그램에 나오는 연예인 아빠들이 아이에게 각종 이벤트를 해주는 걸 더 이상 부러워하지

아빠와 함께

박물관에

놀러간 아이.

않기로 마음먹었다.

현재 평일에 신랑이 육아를 온전히 하는 시간은 저녁을 먹으러 잠시 집에 들렀을 때다. 다시 일하러 가야 하기 때문이다. 내게는 정말 짧은 시간이지만, 그마저도 아빠의 자리를 남겨두지 않으면 내가 못 살 것 같았다. 아이는 아이대로 아빠가 퇴근하면 기가 막히게 알고 소리를 지르거나 좋아한다. 아빠도 교감하려고 아이의 작은 몸짓 하나에 반응해 대화하는 모습이 기특하다.

아빠선생님과 육아 고독

아는 언니네 집은 아이 아빠가 체육 선생님을 자처했다. 그는 퇴근 후 초등학생 딸에게 인라인스케이트와 배드민턴 등을 가르친다. 지금은 딸아이 친구 아빠도 합세해 재능기부 차원에서 주말에 스키강습을 한다. 언니가 딸과 통화하는 걸 보며 절로 미소가 지어졌다.

"응 그래. 딸. 체육관에서 아빠선생님 만나서 수업 잘 받고 와."

언니가 딸과 통화를 끝내자마자 물었다.

"'아빠선생님'이 뭐예요?"

"그냥 단순히 아빠라고 생각하면 편하게 생각하고 놀기만 할 것 같아서 수업시간에는 '아빠선생님'이라고 부르도록 했어. 호칭만 바꿔서 부르라고 한 건데 잘 따르고 열심히 하더라고."

'아빠선생님'! 멋지지 않은가? 뭔가 있어 보이고. 꼭 기저귀를 잘 갈아야지만 아빠 육아의 달인은 아니라는 걸 알려주는 듯했다.

전몽각 전 성균관대 교수 역시 '아빠 육아' 하면 생각나는 분이다. 1990년에 처음 나온 그분의 사진집 《윤미네 집》에는 무려 26년간 카메라를 통해 기록한 딸 윤미의 성장 과정과 평범한 가족의 일상이 담겨 있다.

"사흘 후에 모녀는 우리가 사는 마포아파트(10평)로 돌아왔다. 나는 그날 처음으로 그토록 신비스럽던 나의 혈육을 대했다. 그 애 사진 찍는 일도 그날 시작되었다."[34]

전 교수는 윤미가 태어나던 날, 핏덩이를 안고 집으로 데려온 그때부터 아이 사진을 찍기 시작했다(카메라가 참 귀했던 시절이다). 그리고 딸 윤미 씨가 시집가던 날, 그 카메라를 내려놓았다. 강보에 싸인 갓난쟁이 윤미, 엄마 젖을 먹는 아기 윤미, 교복을 입은 채 숙녀티를 내는 윤미, 결혼식 날 웨딩드레스를 입고 식장에 들어서는 윤미. 흑백사진 한 장 한 장에 담긴 건 딸의 모습이지만, 사진에는 렌즈 너머 딸을 바라보는 아버지의 사랑이 진하게 묻어난다. 누군가는 체육 강습을 하고, 누군가는 사진을 찍듯 '아빠 육아'의 모습은 이렇게 다른 형태로 변주될 수 있다.

아빠 육아는 기대하지도 않는다고, 포기했다고 말하는 이들을 본 적이 있다. 정말 잘 도와주는 사람이 있는 반면, 육아에 1도 손을 대지 않겠다는 이들이 진짜 있더라. 아이고, 아빠는 뭐 정자 기증자일 뿐인가? 생물학적으로만 한 아이의 아빠가 되려고 하다니, 이런 나쁜 아빠를 봤나 하고 소리치고 싶다. 아이와 놀아주지 않는 아빠는 아이에게만 문제인 게 아니라 부부 문제, 가정불화까지 야기할 수 있다. 엄마만이 아니라 아빠와 함께 부대끼며 성장하는 아이는 사회성과 인지능력이 균형 있게

육아가 유난히 고된 어느 날

발달한다. 아이의 균형 있는 성장을 위해선 아빠들이 적극적으로 육아에 참여해야만 한다.

사실 아빠 본인뿐 아니라 사회 시스템의 개선도 필수다. 아빠들도 '육아 고독'을 피할 수 있도록 아빠 육아에 대해 지원을 늘려야 한다. 무엇보다도 인식 개선을 위해 적극적으로 나서야 한다. 이를테면 관련 강의를 듣게 해준다든가, 토론을 한다든가, 워크숍을 간다든가 하는 식으로 인식 개선 방안을 마련하는 거다. 회사 내에서 아빠가 육아휴직을 하면 '승진을 포기한 사람' '책임감 없는 사람'으로 보는 부정적인 시선이 바뀌어야 제도가 제대로 정착할 수 있다는 사실을 간과해서는 안 된다.

공동 육아, 교대 육아

누군가 이런 말을 했다. "남성 출산 휴가의 가장 큰 혜택은 엄마다. 집안일 분배가 도모되고 여성의 노동시장 진출이 활발해지며 남녀평등이 가능해진다."

그렇다. 생각의 편협함을 바로잡으면 우리 사회 개개인의 삶이 달라질 수 있다. 우리의 인식이 개선되지 않으면 사회는 정체될 수밖에 없다. 반면 우리의 생각을 바꾸면 '삶의 권리'를 누리며 살 수 있다.

요즘 우리 부부는 주말에 '공동' '교대' 육아가 비교적 수월해졌다. 함께 육아를 하다가도 서로의 자유시간을 위해 교대한다. 동네에 있는 영화관 건물에는 키즈카페, 코인 노래방, PC방이 있어 한 사람이 키즈카페에서 아이를 보면 다른 사람은 영화를 보거나 PC방에 가기도 한다. 주어진 환경 안에서 찾아낸 자구책이다. 서로 이렇게 협의 과정을 거쳐 육아로부터 떠나있는 시간을 책정했다.

《태도에 관하여》를 쓴 임경선 작가는 집안일에 대해 이렇게 말한다.

평등의 모습이 항상 5대 5일 필요는 없다. 어떨 때는 1대 9일 수도, 3대 7일 수
도, 6대 4일 수도, 8 대 2일 수도 있다. (중략) 정말로 좋아하는 사람이라면 조
금 더했다고 손해 봤다며 억울해하지 않는다. 왜냐하면, 그 반대의 경우로도
인생의 많은 날을 채우게 될 테니까.[34]

엄마인 내가 처음부터 기저귀를 잘 갈고, 목욕을 잘 시키지 않았듯 아
빠도 아빠의 시간이 있고, 엄마와 속도가 다를 수도 있다고 인정해주는
것, 아빠 육아를 바라보는 내게 필요한 시선이었다. 육아에서만큼은 엄
마와 아빠가 상생하는 긴밀한 협조 체계를 구축한다면, 조금 더 나은 세
상이 올 수 있다고 나는 여전히 믿는다.

육아가 유난히 고된 어느 날

뜬금 있는
'정보'
토크

아빠학교협동조합 http://abbacoop.net

대안교육 활동가 아빠들이 모여 의기투합해 결성한 협동조합. 아빠 성장을 위한 아빠 인문학, 그림책 교육, 여행 캠프, 아빠 힘내기 캠페인 등의 활동을 펼치는 협동조합이다.

서초구 아버지센터 https://papa-power.com

아버지들을 위한 문화 커뮤니티 공간인 서초구 아버지센터. 맨즈 요가 테라피와 캘리그라피와 같은 문화 강좌는 물론 아이에게 요리를 선사할 수 있는 아빠 요리교실 수업도 들을 수 있다.

아빠넷 http://papanet4you.kr

고용노동부가 운영하는 아빠 육아 정보 아카이브. 아빠 맞춤형 육아(휴직)정보를 통합적으로 제공하고, 육아휴직하는 아빠들의 심리적인 고충 해소를 지원한다. 매주 월, 수, 금 아빠 육아 관련 최신 콘텐츠가 업로드된다.

'노키즈존' 카페 사장님이 말했다
"아이랑 있다 가세요"

노키즈존

노키즈존 카페를 가봤다

임신 막달, 남산만 한 배를 부여잡고 카페투어를 다녔더랬다. '애 나오면 고생이랬어. 지금을 즐겨야 해.' 이런 심정으로 더운 여름에도 집 밖을 나섰다. 인터넷 검색도 좋지만, 직접 발품을 팔수록 잘 알려지지 않은 카페를 발견할 기회가 많았다.

그렇게 길을 걷다 마음에 쏙 드는 카페를 발견했다. 실내화를 신고 들어가야 하는, 가정집을 개조한 카페였다. 인적이 드문 골목길 안쪽, '카페'라고 적힌 작은 푯말이 아니었으면 지나칠 뻔했다. 문을 열고 들어가니 웬걸, 고급스러운 원목 가구가 가득한 게 딱 인테리어 잡지에 나올 법한 집(집 겸 카페)이었다. 파릇파릇한 녹색으로 물든 정원이 보이는 창가 앞 테이블에 자리를 잡았다. 가게 주인이 직접 만들었다는 당근 케이크를 한 입 베어 물면서 '여기가 우리 집이었으면' 했다.

육아가 유난히 고된 어느 날

오지랖이 발동했다. 사연이 궁금해서 50대 중후반으로 보이는 여주인에게 인테리어 칭찬부터 시작해 슬슬 이런저런 질문을 했다. 어떻게 이렇게 예쁜 카페를 열게 됐는지, 콘셉트는 무엇인지. 신기하게도 주인하고는 처음 만난 사이임에도 서로 통하는 구석이 많았다. 2시간 가까이 수다가 이어질 만큼. 급기야 주인은 내게 속에 담고 있던 말까지 털어놓았다. 사연인즉 얼마 전부터 7세 이하의 아동은 받지 않기로 했는데 그러기까지 마음고생이 심했다고 한다.

"부모가 와서 커피를 시키고 아이들을 방치하는 경우가 많았어요. 다른 손님도 있는데 아이들이 이리저리 왔다 갔다 뛰고, 잔을 깨뜨리기도 하고, 저는 따라다니며 수습하기 바빴죠. 보시다시피 가정집 콘셉트라 가구에 부딪히기 쉬워서 안전사고의 위험이 있거든요. 그걸 부모에게 말하면 오히려 '다른 곳은 안 그런데 여긴 왜 그러냐' '당연히 이해해줘야 하는 거 아니냐'는 식으로 나오더라고요."

그녀는 본인도 아이를 키웠지만, 지나치게 당당한 태도를 보이는 부모들을 이해하기 어려웠다고 한다. 이후로도 비슷한 일이 몇 번이나 반복됐고, 극도로 스트레스를 받으며 '내가 카페를 왜 시작했을까'라는 생각까지 들었단다. '노키즈 존(No Kids Zone. 카페, 음식점 등의 장소에서 어린이의 출입을 금지하는 것. 주로 5세 이하 미취학 아동의 출입을 금하는 편)'으로 결정하기까지의 과정을 듣고 나니, 주인이 참 안쓰러웠다. 카페를 나서면서 문 앞에 붙어 있던 글귀(그제야 보였다)를 한참이나 쳐다봤을 만큼.

한 카페에서

본

노키즈존 입간판.

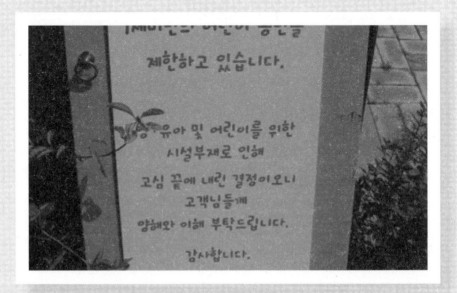

노키즈존, 일부 무개념 부모만의 잘못?

그날 저녁, 인터넷 검색으로 사람들이 '노키즈존'을 어떻게 생각하는지 들여다봤다. 생각보다 찬성 의견이 우세했다. 경기연구원이 도민 1,000명을 대상으로 실시한 모바일 설문조사(2016년 2월 실시, 신뢰 수준 95%, 표본오차 ±3.10%) 결과에 따르면, 응답자의 44.4%는 '노키즈존은 업주의 영업상 자유에 해당한다'고 생각했다.[35] 육아 카페에서도 이런 의견이 상당수를 차지했다. "기본 공중도덕도 모르는 부모들 때문에 노키즈존은 더 늘어야 한다고 생각합니다" "내 애를 내가 조심시키는 엄마들이 많아지면 노키즈존도 없어지겠지요" 등. 논란이 되는 지점은 비슷했다. 업주의 자유 영업방침과 일방적 출입금지를 당한 아동의 처지. 양측 의견 모두 일리가 있어 어느 쪽이 옳다고 단정하기 힘들었다. 그래서 둘 다 수긍하며 한번 바라보기로 했다.

먼저 업주가 그렇게 영업방침을 정하는 데 가장 큰 이유가 된 '부모의 태도'. 아이의 자율성을 존중한다는 명분으로 지나치게 방임하는 부모들이 '애들이 다 그렇지'라는 논리로 이해를 바라는 건 삼가야 한다. 잘못된 행동을 아이가 마음대로 하도록 방치하는 것은 부모로서 사회적 책임을 유기하는 일이기도 하다. 그렇지만 '노키즈존'이 늘어나지 않도록 눈치 보며 노력하는 엄마들도 있다는 점을 덧붙여 말하고 싶다. 아이가 내 맘 같지 않아서 아기 의자에 앉아있기 싫다고 난리 치는 아이를 달래려 이 과자 저 과자를 꺼내고, 전전긍긍하며 '죄송해요'라는 말을 달고 살며 아이에게서 나오는 온갖 쓰레기를 비닐에 챙겨 오는 엄마가 사실은 더 많다.

아이를 훈육할 때 엄격하고 단호한 육아 원칙을 고수한다는 프랑스에서는 이런 논란이 없다고 한다. 절제와 인내라는 훈련이 배어있기 때문이다. 프랑스에서 외교관으로 재직했던 유복렬 씨는《외교관 엄마의 떠돌이 육아》에서 이런 에피소드를 소개했다.

"아이와 함께 파리 바스티유 오페라 극장에 공연을 보러 간 적이 있다. 3시간이 넘는 긴 오페라임에도 어린아이들과 함께 온 부모들이 무척 많았다. 대여섯 살밖에 안 된 아이들이 제자리에 앉아서 오페라를 끝까지 감상한다는 사실이 신기했다. 의자 위에서 몸을 배배 틀거나 오르락내리락하거나 칭얼대거나 먹을 것을 달라거나 하는 아이는 없었다. 우리나라에서는 그런 아이들은 오페라 극장에 입장 자체가 되지 않는다. 감상에 방해가 될 것이 분명하기 때문이다. 당연히 아이들과 함께할 수 있는 문화생활의 폭이 제한될 수밖에 없다."[37]

반대로 종이에 적힌 한 줄짜리 안내문 하나에 문밖으로 내쳐진 아이들의 처지, 이것도 무시할 수 없다. 그림책《블룸카의 일기》에는 이런 구절이 있다. "아이들에게 뛰지 말라고 하는 건 심장한테 뛰지 말라고 하는 것과 같은 거야."

찬반 모두 그럴듯한 이유가 있는 걸로 보인다. 그럼 이건 어떨까? 어른들과 아이들이 공존할 공간(부모가 욕을 덜 먹는 곳)을 찾는 거다. 그런데 안타깝게도 대형 패밀리레스토랑과 관공서, 백화점 정도를 제외하면 웬만한 식당과 카페에서 수유실을 찾기 어렵다.

내가 내린 결론! 노키즈존의 문제는 일부 무개념 부모만의 잘못으로 돌려서는 안 된다.

육아가 유난히 고된 어느 날

'아이들 전용·보호 구역'이든 '아이 달램방'이든 차별이 존재하지 않는 장소가 늘어나려면 부모의 자세뿐 아니라 여러 사람의 배려, 포용력 등 복합적인 부분이 해결되어야 한다.

출산 후, 내가 갔던 노키즈존 카페에 아기 띠를 한 채로 다시 들어갔다. (내심 키즈가 아닌 베이비라 괜찮지 않을까 억지를 부리며) 문을 딱 열고 들어가는 순간, 주인이 당황하는 기색을 보였다. 몇 초 후, 전에 대화를 나눈 만삭의 여자가 나인 걸 알아보고선 달라졌다. 짧게 머물다 가는 나를 붙잡기까지 하면서. 진심 어린 사장님의 마음이 전해져 여전히 문 앞에 붙은 '노키즈존' 문구가 참 슬프게 다가왔다.

카페블랑

수유실이 있는 '웰컴 키즈존' 카페. 테이블 몇 개 크기의 공간을 포기하면서까지 만들었다고 하니 감동이다. 두 아이를 키우면서 애들 자체를 짐으로 생각하는 시선을 느끼며 카페를 차릴 때 수유실을 꼭 놔야겠다고 결심했단다.

주소: 부산광역시 기장군 정관읍 산단2로 59
문의: 051-728-6776

트래블레빗

아이들을 위한 룸이 있는 카페. 장난감은 물론이고 기저귀 냄새까지 밀폐된다는 유명 휴지통까지 구비되어 있다. 조카가 있어서 엄마의 마음을 가늠한다는 사장님의 말씀이 참 감사하다.

주소: 강원도 횡성군 횡성읍 읍상로 24, 1층
문의: 010-9250-2737

CAFE 1LL

카페 앞에 '웰컴 키즈존'이라는 문구가 있다. 아이들에게 아이스티를 무료로 제공하고 임산부는 음료 한 잔을 50% 할인해 준다는 내용이 적혀 있다. 카페 대표는 "주변에 아이를 가진 친구들도 생기다 보니 노키즈 존 문제가 피부로 다가왔다"며 "작게나마 할 수 있는 일이 이것뿐인 것"이라는 명언을 남겼다.

주소: 대구광역시 달서구 달구벌대로 203길 26-10

나와 아이,
우리 모두를 위해

안전

부모 노릇, 안전 책임지기?

그날, 나는 사무실에 앉아 있었다. 써지지 않는 기사를 두고 머리가 아프던 참이었다. 고요하고도 묵직한 사무실 정적을 깬 건 후배였다. "속보 떴어요. 그런데 전원 구조됐다네요?" 배를 타고 수학여행을 떠난 학생들이 사고를 당한 모양이었다. 다시 모니터에 코를 박았다. 조금 후 다들 TV를 켜고 난리가 났다. 침몰하는 배가 보였다. 전원 구조라고? 명백한 오보였다. 배 안엔 수많은 아이가 있었다. 헬기가 왔다 갔다 했다. 어렵지 않게 구조되리라 생각했다. 그런데 기적은 개뿔. 죄 없는 아이들은 밤하늘의 별이 됐다. 사람들은 선장, 선주(船主), 정부의 잘못이라 했다. 어찌 됐건 세월호 사고는 이 사회에 만연한 안전불감증으로 발생한 결과였다.

안전: 위험이 생기거나 사고가 날 염려가 없음. 또는 그런 상태.

안전의 사전적 의미를 살펴보니, 애초부터 '안전한 일상' '안전한 삶'은 불가능하다는 생각이 든다. 염려가 없는 삶이 가능한가. 그나마 희망적인 부분이 안전사고는 우리가 대비할 수 없는 지진, 태풍 등의 재난이나 전염병, 병충해 등으로 인한 피해와는 구별된다는 점일까?

아이를 키우면서 나는 저절로 뉴스를 멀리하게 됐다. 각종 사건·사고를 들으면 심란해졌다. 내가 내뱉는 한숨 소리는 바닥을 뚫을 기세였다. 오늘만 해도 이런 사고 기사가 있었다. '아파트 베란다에서 3살 아이 떨어져 숨져.'

아이의 안전을 책임지는 일도 '부모 노릇'의 하나였다. 아이가 손을 뻗어 제 의지대로 사물을 만지게 되면서 온수가 나오는 정수기, 뾰족한 가구 모서리, 장식장 인테리어 소품, 전기선과 전기 콘센트 등 안전을 위협하는 것과 전쟁을 치러야 했다. 내가 선택한 건 처분 혹은 숨기기. 엘리베이터가 없는 군인아파트 4층 계단을 오르락내리락할 때도 혹여나 매달려있는 아이가 떨어질까 '안전하게 천천히'를 몇 번이나 외쳤는지 모른다. 지인은 아이와 함께 버스를 탈 때면 항상 기사에게 비타민 음료수를 챙겨주면서 "안전운전 해주세요"라는 말을 덧붙인다고 했다(내가 버스 기사라도 운전에 좀 더 신경을 쓸 것 같다).

제 자식뿐 아니라 다른 자식들의 안전을 위해 발 벗고 나선 부모도 있었다. 고석 한국어린이안전재단 대표는 16년 전 불의의 사고로 여섯 살 된 딸 쌍둥이를 잃었다. 1999년 발생한 경기 화성시 씨랜드연수원 화재 참사 때였다. 딸들을 잃은 고 씨는 다니던 회사도 그만두고 2000년 유족들이 함께 모은 1억5000만 원으로 한국어린이안전재단을 세웠다. 재단은 어린이안전교육관을 세우고 체험식 안전교육을 쉼 없이 실시했다. 전

육아가 유난히 고된 어느 날

수유실에 있던

안전 주의 문구.

국을 돌며 '찾아가는 안전교육'도 진행했다. 지금까지 20만 명이 넘는 인원이 교육을 받았다고 한다. 2005년부터는 교통안전공단과 카시트 무상 대여·보급사업을 펼쳐 교통안전에도 신경을 쓴다.[36] 참으로 대단하다.

ADT캡스 이용주 경호팀장은 회사가 주체하는 '안전스쿨' 캠페인을 통해 여중, 여고, 여대를 대상으로 호신술 강의를 하는 위대한 엄마다.[38] 초등학교 입학식에 맞춰 아이들에게 호루라기를 선물하는 등 안전 교육도 진행한다. 그녀는 한 매체와의 인터뷰에서 이렇게 말했다. "엄마가 되고 보니 내 아이, 우리 아이들의 안전이 눈에 들어왔다"라고. 참으로 멋진 부모들이다. 사실 안전의 중요성은 알아도, 어떻게 해야 할지 방법을 몰라 막막할 때가 많다.

예전에 기본심폐소생술 제공자(BLS-Provider) 취재를 나가서 4시간에 걸쳐 교육을 받은 적이 있다. 보통 심장마비 환자는 초기 4분 내 조치가 중요하다. 심정지 후 1분 내 심폐소생술을 하면 생존 확률이 90%에 이르지만 4분이 지나면 뇌 손상이 시작돼 생존율이 절반으로 떨어지기 때문이다. 6분이 경과하면 대부분 사망한다. 신고 후 119구급대 도착시각이 평균 7분인 것을 고려하면 심폐소생술을 할 수 있는 누군가가 조치를 취해야 생명을 살릴 수 있다는 얘기다. 심폐소생술은 환자의 양쪽 유두 사이 가운데 지점을 깍지 낀 손바닥으로 30회 세게 누르고, 환자의 입에 숨을 불어넣는 인공호흡을 2회 하는 게 1세트다. 1세 미만 영아의 경우 손바닥 대신 손가락 2개로 같은 부위를 눌러주면 된다.

그때 배운 내용을 떠올려서 글로는 쓸 수 있어도, 심폐소생술이 필요한 상황이 오면 잘 할지 의문이다(다시 한번 유튜브로 영아 심폐소생술 영상을 찾아봤을 따름이다). 우리 아이뿐 아니라 다른 아이를 구할 마음으로 배웠다

육아가 유난히 고된 어느 날

면 달라졌을까.

"엄마가 지켜주지 못해 미안해"

각종 연구 결과를 찾아보면 여성의 안전 인지율이 남성보다 현격히 낮다. 한국여성정책연구원이 발간한 '젠더리뷰'에 따르면 19세 이상 성인 2,025명을 대상으로 재난 안전에 대한 인식과 태도, 교육훈련 경험 실태를 조사한 결과 마트·병원 등 다중이용시설, 집안, 교통수단 등 모든 상황에서 여성 1인 가구의 인지율이 가장 낮았다. 재난에 대비해 가정 내 비상용품을 준비한다는 응답도 여성 1인 가구가 16.3%로 가장 낮은 반면 혼자 사는 남성의 35.6%가 비상용품을 갖춰놓고 있었다. 전문가들은 민방위 훈련 등에 참여하는 남성과는 달리 여성이 교육받을 기회는 상대적으로 적어 이럴 수밖에 없다고 분석했다.

'방심과 안심은 종이 한 장 차이다'라는 말이 있다. 안전사고는 발생하기 전에는 '예방', 발생한 때에는 '응급처치', 발생한 후에는 '치료·재활'로써 대책을 세울 수 있다. 여성이든 남성이든 능동적으로 안전 역량을 키우는 자세가 필요하다.

그러나 엄마의 경우는 조금 다르다고 본다. 엄마는 도저히 예측할 수 없는 안전사고가 나면 감당할 무게가 무겁다. 그동안 가습기 살균제 사고로 불리는 '옥시 사태', 메탄올 물티슈 논란 등 독성 화학용품 오용으로 인한 상처는 엄마들이 떠안아야 했다. 엄마가 아무리 성분을 꼼꼼히 본들 업체가 제공하는 정보 그 이상을 알기 어렵다. 논란이 터질 때마다 엄마들은 운 좋게 피해갔다고 잠시 안도할 뿐, 다음에 생각지 못한 데서 뭐가 터질지 모른다는 불안감을 안고 산다.

얼마 전에는 한 업체가 만들었다는 쿨매트가 논란에 휩싸였다. 신소재 '아웃라스트'로 만들어 체온조절은 물론 유아들의 태열, 아토피에 좋다더니 원인 불명의 잔사 현상(섬유에서 흰 가루가 떨어지는 것)으로 아이들은 알레르기성 두드러기, 심한 발진이 났다. 정부는 문제의 제품뿐 아니라 같은 소재가 적용된 다른 제품 모두 유해성 여부를 밝히기 위해 검사하겠다고 밝혔다. 해당 업체도 사과문을 게재하고 문제 제품은 리콜하겠다고 나섰다. 하지만 엄마들에겐 다 뒷북일 뿐이었다. 벌겋게 발진이 난 아이의 사진을 SNS에 올린 엄마는 호소했다. 제발 좀 도와달라고. 화가 치밀었다. 얼마나 더 똑똑해져야만 안전하게 아이를 키울 수 있나.

세월호가 거치된 전남 목포신항. 먼발치에서 울부짖는 어미의 모습은 눈물겹다 못해 애잔하다 못해 서글펐다. 안전한 사회를 만들기 위해 사회 전체가 나선다면… "지켜주지 못해 엄마가 미안해" "엄마 때문이야"라고 말하는 엄마들이 사라질까. 안전한 세상에서 아이와 평탄하게 살고 싶다. 제발 좀.

육아가 유난히 고된 어느 날

꽃으로도,
때리지 말자

아동학대

아동학대 논란, '안아키'가 뭔데요?

아이 얼굴에 벌겋게 침독이 올랐던 적이 있다. 주변에서 아이를 보고 한 마디씩 했다. 자기 아이들이 쓴 피부약이며, 다니던 피부과며 정보를 주기 바빴다. 나는 그 정보들을 덥석 물기 바빴다.

"그맘때 애들 침 흘리니까 침독이 나기도 해"라는 말을 들으면서도 마음 한쪽에는 잘 관리해주지 못했다는 죄책감이 들었다. 시간이 날 때면 검색을 했다. 우연히 구죽염이 좋다는 글을 보고 사다가 물에 풀어서 목욕을 시키고 그 위에 로션이나 스테로이드 성분이 없는 약을 발라주곤 했다. 일주일도 안 돼서 말끔히 좋아졌다. 신기했다. 구죽염이 효과가 있었는지, 모든 상황이 잘 맞았는지 모르겠지만, 검색하면서 보니 아토피로 몸살을 앓는 아이와 부모가 엄청 많았다. 이런 고백 글도 더러 있었다. "우연히 안아키를 알게 돼서 지금은 많이 좋아졌어요."

'안아키?' 나는 안아키가 일본이나 독일의 유명한 소아과나 피부과 의사 이름인 줄 알았다. 안아키스트라고 고백한 사람은 '안아키라는 의사를 신봉하나 보다' 했다. 그런데 얼마 후 인터넷에서 난리가 났다. '안아키 폐쇄' '안아키 아동학대' 등의 키워드가 실시간 검색어에 떴다. 엥? '안아키'가 온라인카페란다. 사람이 아니라 '약 안 쓰고 아이 키우기'의 줄임말이었다. 보아하니 극단적인 자연 치유법을 쓴 게 문제 같았다. 카페 운영자 김 모 씨는 한의사였다. 그녀는 항생제 처방이나 백신 접종이 아이에게 내성을 길러 좋지 않다며 각종 필수 예방 접종도 하지 말라고 권장한 모양이었다. 많은 아이 엄마들은 김 모 씨의 말을 따랐고, 그의 육아법을 예찬했다.

아동학대의 문제가 된 지점은 이랬다. 이를테면 기침하는 아이를 병원에 데려가지 않고 머리맡에 양파를 놓아두기만 하다 폐렴이 악화됐거나, 아이의 장(腸)을 청소하기 위해 관장 대신 소금물 900cc를 먹였다가 장내 부종을 유발하거나, 아토피나 화상의 치료도 방치에 가까운 수준으로 내버려 두었다. 비난하는 목소리가 거세지자 보건복지부는 안아키를 의료법 위반 혐의로 고발하기 위해 조사에 들어갔고, 대한한의사협회 역시 "안아키가 권장하는 방식은 한의학과 무관하다"는 입장까지 내놨다.

안아키 카페에 올라온 사진 가운데 벌겋게 피부가 다 벗겨진 아이가 있어 정말 놀랐다. 누군가 이런 말도 했다. 특별한 지식이나 정보 없이 고군분투하며 육아를 도맡아 하는 상황에서 판단력과 분별력이 자칫 흐려질 수 있다고. 엄마의 소신이 현명한가, 학대가 되는가는 종이 한 장의 차이일 수 있다고.

육아가 유난히 고된 어느 날

학대당하면서도 매달렸을 아이들

'아동학대'란 아동복지법 제3조에서 보호자를 포함한 성인이 아동의 건강 또는 복지를 해치거나 정상적 발달을 저해할 수 있는 신체적·정신적·성적폭력 등 가혹 행위를 하는 것과 아동의 보호자가 아동을 유기하거나 방임하는 것을 말한다. 과거에도 그랬고 지금도 아동학대 사례는 무수히 많다.

'15개월 쌍둥이 자매 곳곳에 멍들어' '5세 아동 실명시킨 내연남 징역 18년 선고' '귀신 쫓는다며 세 살배기 딸 때려 숨지게 한 친모' '경기도 안산 이어 또 이천에서 아동 폭행 사망' 기사 제목만 봐도 느껴지는 섬뜩함, 이것이 바로 '아동학대'다.

부모 된 입장에서 미치도록 슬프다. 아이들은 학대를 당하면서도 '엄마' '아빠' 혹은 '선생님' 등을 부르며 매달렸을 것이다. 부모에게 무참히 짓밟히고 내쳐지면서도 도망칠 수 없는 아이들. 일련의 끔찍한 아동폭력 사례를 접하면 '나는 오늘 꽃을 받았어요'라는 시가 떠오른다.

"나는 오늘 꽃을 받았어요. 어머니 날도 아닌데도요./ 지난밤 그는 나를 또 두드려 팼지요. 이전보다 훨씬 더 심하게/ 그를 떠나면 난 어떻게 될까요. 아이들은요? 돈은요?/ 나는 그가 무서운데 떠나기도 두려워요./ 하지만 그는 틀림없이 미안해할 거예요./ 왜냐하면 오늘 나에게 꽃을 보냈거든요./ 나는 오늘 꽃을 받았어요./ 오늘은 아주 특별한 날 바로 내 장례식 날이거든요./ 지난밤 그는 드디어 날 죽였지요. 때려서 죽음에 이르게 했지요./ 내가 좀 더 용기를 갖고 힘을 내서 떠났더라면/ 나는 아마 오늘 꽃을 받지는 않았을 거예요."

지은이 폴레트 켈리는 미국 여성으로 남편의 폭력으로부터 13년간 시달렸으며, 이를 벗어난 후 자신의 경험을 토대로 이 시를 지었다고 한다. '가정폭력'뿐 아니라 '아동학대'를 당하는 아이들도 이렇게 꽃에 기대 살 것만 같다.

어쩌면 잠재적 학대 가해자

남편과 싸웠거나 아이가 지치게 하면 가끔 때리고 싶을 만큼 아이가 미워진다는 엄마들이 있다. 나 역시 아이를 키우다 보면 뚜껑이 열린다고 표현할 일이 많이 생겨서 그런 심리를 알 만하다. '눈으로 아이 처다보기'와 '몸으로 아이 돌보기'는 명백히 다르니까. 아이가 막 백일이 지났을 무렵이었다. 신랑은 밤샘 근무를 하는데 아이가 평소보다 두 배는 자지러지게 울고 잠을 자지 않았다. 안아주고, 기저귀를 갈아주고, 웃겨보고, 백색소음을 틀기도 했는데 소용이 없었다. 1시간이 지나도 그치지 않는 울음에 점점 화가 났다. 우는 아이 얼굴을 보다가 폭신한 침대 위를 쳐다봤다. 순간 이런 마음이 들었다. 하, 내동댕이치고 싶다. 무서운 생각이지만, 정말 실행에 옮기고, 그걸 지속적으로 반복했다면 학대가 되는 것이다.

학대는 결국 아이를 대하는 어른들의 잘못된 태도에서 비롯된다.[39] '2015 전국 아동학대 현황보고서'를 살펴보면 아동학대 80% 이상이 부모에게서 일어난다는 사실을 알 수 있다. 그리고 그중 30% 이상이 양육 방법을 잘 몰라서 아이들을 훈육한다며 때리다가 벌어진다고 한다. 잠재적 아동학대 가해자가 될 수 있는 부모는 스스로 분노를 조절하는 힘이 있어야 한다. 이러한 힘을 기르는 방법이 있다. 바로 숨을 고르면서 한 박자 쉬며 힘을 빼야 한다.

작년 2월 말 서울 혜화경찰서는 아동폭력 대처법을 주제로 인터넷 라디오 방송을 진행했다. 이른바 경찰서에서 주관한 국내 1호 '동네 치안' 라디오 방송이다.[40] 게스트는 김도연 용문상담심리대학원대학교 교수, 최진영 혜화서 여성청소년과 경감과 양성철 경사, 조은형 창신동 라디오 덤 국장. 약 20분간 이들은 아동학대 통계와 경찰에 신고가 들어왔던 실제 사례, 전문가의 조언과 도움을 받을 방법 등을 안내하는 형식으로 대화를 나눴다.

"아동학대 의문점을 발견하면 즉시 112로 신고해 주세요. 아동과 학대 행위자로 의심되는 인물의 인적사항, 아동이 위험에 처해 있거나 학대를 받고 있다고 믿는 이유를 설명해 주시면 도움이 됩니다. 신고자의 신분은 철저히 보장되며 오인신고인 경우에도 무고의 목적과 고의가 없다면 처벌되지 않습니다."

캠페인 광고를 내보내고 끝내기보다 방송을 통해 주민들에게 적극적으로 알린 혜화경찰서에 박수를 보내고 싶다. 별것 없지만 별것 아닐 수 있는 해결책. 아동학대는 주변의 관심이 필요하다. 전통적인 가족관이 희미해진 이때 사회적, 제도적 감시망을 느슨하게 해서는 안 된다. 또 하나, 봇물 터지듯 쏟아져 나오는 아동학대 사건을 대할 때마다 주변 이웃이 하나 같이 하는 말이 있다. 정말 몰랐다고.

몇 달 전, 아이와 횡성 군립도서관에 갔다 비가 쏟아져 택시를 탄 적이 있다. 택시기사는 근처 정미소에서 쌀을 받아 트렁크에 싣고 목적지까지 운행하겠다고 했다. 어차피 시장을 지나쳐야 하니, 그러시라고 했다. 알고 보니 그 기사는 시내로 나오기 힘든 독거노인 어르신들의 심부름을 무료로 해주고 있었다. 나를 데려다준 후 독거노인 어르신에게 쌀을 갖다 준다는 것.

"오랫동안 연락이 없으시면 한 번씩 가보게 돼요. 어르신 한 분이 돌아가셨는데 뒤늦게 발견된 경우가 있었거든요. 이 지역에서 나고 자라서 어르신들의 먹고사는 형편을 아니까 그냥 지나칠 수가 없어요. 이렇게 뭘 사다 달라고 요청하시면 물건값만 받아요. 돈 몇 푼 더 주시려고 하면 안 받아요. 제가 좋아서 하는 일이니까요."

선하디선한 택시기사의 이야기를 들으면서 지자체에서 엄마들을 찾아가는 복지 서비스를 하면 어떨까 생각해봤다. 급하게 분유가 떨어졌을 때, 기저귀가 부족할 때 근처 택시기사님이 사다 주신다면 마음이 아픈 엄마들을 찾을 수 있지 않을까. 얼핏 집안을 들여다보면 느껴질 테니까. 가정이나 보육시설에서 고통받는 아이들의 소식이 사라지면 얼마나 좋을까 하고. 지금이야말로 어린이날을 만든 소파 방정환 선생의 말씀에 더욱 귀를 기울여야 할 때다.

"어린이는 어른보다 한 시대 더 새로운 사람입니다. 희망을 위하여, 내일을 위하여, 다 같이 어린이를 잘 키웁시다!"

육아가 유난히 고된 어느 날

몇 살이세요?
'엄마 나이' 고작 ○살입니다

나이

새파랗게 젊은것이나 고집불통 노인네나 모두 당하는

"나이가 어떻게 되세요?"라는 질문을 받을 때가 더러 있다. 몇 년 전만 해도 그런 질문을 받으면 난감했다. 특히 물어본 이가 기껏해야 나와 한두 살 차이로 보일 때. 이유인즉, 내가 생일이 빠른 ○○년생이어서 학교에 일찍 갔기 때문이다. 친구들은 학년에 해당하는 나이를 따르라 했고, 직장 선배는 "복잡하니까 그냥 네가 태어난 해에 맞춰서 말해"라고 했다. 그때부터 나는 그냥 태어난 해에 맞춰 나이를 말한다.

산후 조리원에서도 나이 이야기를 피할 순 없었다. 엄마들은 몇 살에 아이를 낳은 건지 '출산 연령'이 궁금해서 물어보는 게 대다수였다. "어머, 나이에 비교해 동안이세요." "진짜 어린 나인데 아이를 낳았네요. 나도 젊을 때 낳아야 했는데, 체력이 안 돼서." 이렇게 서로의 나이를 알고 난 후에야 좀 더 편한 대화가 이어진다.

우리 사회는 나이에 민감하다. 나이로 서열을 많이 따지기 때문이다. 나이와 관련된 어려운 단어도 많다. 가령 '연배'란 어떤 범위에 속하는 나이, 나이가 비슷한 사람을 말한다. 연장자란 의미와는 다르다. 유의어로 '동년배'는 한 가지 '동(同)'자를 써서 나이가 같은 또래인 사람을 일컫는다. '터울'도 헷갈리는 이들이 많다. "그 선배와 저는 학교 1년 선후배예요. 그런데 나이는 두 살 터울이죠"라는 문장은 틀린 문장이다. '터울'은 '한 어머니로부터 먼저 태어난 아이와 그다음에 태어난 아이와의 나이 차이'를 뜻하므로 친형제 사이에만 쓰는 말이다. 그러니 '나이가 ○살 차이다'라고 해야 맞다.

초·중·고등학교에 다닐 땐 몰랐다. 대학에서 재수생, 만학도 등을 보고 나서야 나이가 많아도 동기가 되는 걸 봤다. 사회생활을 하면서는 더 복잡해졌다. 특히 대한민국에서 여성은 '나이'라는 잣대 아래 주체적인 선택을 존중받지 못하고 있다. 이를테면 몇 살 전엔 결혼해야지, 늦어도 몇 살 전엔 아이를 낳아야 하는 말들을 수시로 듣는다. 서점에 가도 '○살 ~할 시기다' '○살 전에 해야 할 것들' '○살 전에 몰랐던 사실'로 시작하는 책들이 무수히 많다. 많다는 건 그만큼 잘 팔린다는 방증이다. 아이러니하게도 자신에게 혹은 타인에게 '나이에 맞는 삶, 인생'을 주입하면서도 거꾸로 젊어 보이려는 '동안 열풍'은 식지 않는다. 나이를 거꾸로 먹기 위해 안달이다.

가수 이애란 씨의 〈백 세 인생〉 가사를 곱씹다 보면 철학이 담겨있다. 나이에 민감한 한국 사회를 꼬집는 것도 같다. "육십 세에 저세상에서 날 데리러 오거든 아직은 젊어서 못 간다고 전해라. 칠십 세에 저세상에서 날 데리러 오거든 할 일이 아직 남아 못 간다고 전해라. 팔십 세에 저세

육아가 유난히 고된 어느 날

상에서 날 데리러 오거든 아직은 쓸 만해서 못 간다고 전해라. 구십 세에 저세상에서 날 데리러 오거든 알아서 갈 테니 재촉 말라 전해라. 백 세에 저세상에서 날 데리러 오거든 좋은 날 좋은 시에 간다고 전해라." 제목이 〈백 세 인생〉이라 여기서 끝날 줄 알았더니 아뿔싸. "백 오십에 저세상에서 또 데리러 오거든 나는 이미 극락세계 와 있다고 전해라"며 백오십 세를 들먹인다.

《나는 에이지즘에 반대한다》의 저자인 애슈턴 애플화이트는 말한다. 왜 사회는 인종차별·성차별·장애인차별·동성애자차별에 대해서는 민감하면서도 연령차별에 대해서는 그렇지 않냐고. 연령차별이야말로 '새파랗게 젊은 것과 고집불통 노인네가 모두 당하는 차별'이라고.[41]

엄마 나이 한 살

엄마가 되고 나서도 나는 나이 탓을 하고 있었다. 아직 결혼하지 않은 친구들도 많아서 '내가 이 나이에 아이를 보고 있다니…' 이렇게 넋두리하는 게다. 또 한편으로는 이렇게 아이 보는 게 서툰데, 버거운데 내가 어른이 맞나 싶었다. 어른이 된다는 건 자기의 삶을 책임질 힘을 지닌다는 뜻인데, 나이에 맞지 않게 부족하다고 느낄 때가 한없이 많았다. 이미 나에게도 나이 개념이 체화(體化)된 거다. 이쯤 되니 나도 아이에게 훈계할 때 '이게 네 나이에 할 짓이야?'라고 나이를 들이밀지 않을까 싶어 살짝 무서워졌다.

생물학적 나이와 사회적 나이에서 오는 괴리감은 일본에서 찍은 기저 귀브랜드 광고를 보고 떨쳐버릴 수 있었다. 광고 내용은 이렇다. 한 살이 지난 아이의 건강 검진을 위해 엄마는 병원에 방문한다. 아이의 발달을 상담한 후 병원 복도로 나온 엄마는 깜짝 놀란다. '어? 이게 뭐지?' 하며 아이를 안고 있던 엄마는 눈물을 흘린다. 남편이 아내의 지난 일 년을 기록한 사진을 복도에 전시한 것이다. 출산 후 주삿바늘을 꽂고 누워있는 엄마, 아이를 사랑스럽게 바라보는 엄마, 아이의 볼에 뽀뽀하는 엄마. 꾸밈없는 그 사진을 보는 나도 울컥했다.

그리고 가슴이 쿵 하고 내려앉았던 마지막 순간. '엄마도 한 살, 축하합니다'라는 카피 문구. 생각도 못 했다!

엄마 나이 한 살. '그래, 나 엄마 된 지 고작 1년밖에 안 됐지?' 하고 나를 다독이게 하는 장면이었다.

'엄마 나이 한 살'이라고 생각하니 햇병아리 같고 귀엽지 않나.

'서툰 게 어때 나는 한 살인데'라고 실수도 가볍게 넘겨버리게 될 만큼.

어쩌면 '엄마 나이'도 먹을수록 이른바 '꼰대질'을 할 수 있겠지만, 그때마다 기억하려고 한다. 한 살이었던 시절을. 내가 엄마 뱃속에서 태어나서 울기만 하던 한 살은 기억 못 해도, 아이 키우느라 고군분투한 엄마 나이 한 살은 절대 잊지 못할 테니 말이다. 그리고 내 개인의 나이를 더 자각하지 않고 싶다. 연륜을 무시하는 것도, 나이에 맞게 사는 걸 틀렸다고 일반화하려는 게 아니다.

뮤지션 제시는 어느 매체와의 인터뷰에서 이렇게 말했다. "단순히 나이 때문에 불안한 마음이 든다면 그건 제 마음이 이미 늙은 거죠. 나이는 그냥 숫자예요. Age is Nothing but a Number!" 맞다. 더는 나이에 벌벌 떨지 말자. 스물아홉이기 때문에, 서른이기 때문에 찾아온 불행은 아무것도 없지 않았는가.

"엄마도 죽어?"
아이가 죽음에 관해 묻는다면?

죽음

임종체험, 유언장까지 작성

1월 1일, 외할머니께서 급성폐렴으로 돌아가셨다. 갑작스러웠다. 거동이 힘드시긴 했어도 몇 개월 전에 증손주 보러 친정에도 오셨는데…. 한 해 시작과 동시에 누군가는 일생을 마감한다는 게 참 아이러니했다. 인간으로 태어나 살다 늙으면 죽는 것은 어느 시대나 진리이건만, 생과 사의 모호한 경계에 서 있는 건 솔직히 무섭고 인정하기 어렵다.

아이가 호기심이 폭발하는 시기는 말을 시작하면서부터인 듯하다. 그 맘때 아이는 질문이 많아진다. 어쩜 이런 생각을 하나 싶을 만큼 별별 질문 퍼레이드가 쏟아진다. "하루에 수십 번 들어봐, 정말 난감해"라는 육아 선배님 말에도 얼른 내 아이가 재잘재잘 말을 하면 좋겠다. 그런데 이 질문만큼은 대답하기 어려울 것 같다. "엄마도 죽어?" "왜?" "죽는 게 뭐야?" 이렇게 물으면 난 어떻게 대답해야 할까.

연초 KBS 스페셜 〈앎〉에서 총 3부에 걸쳐 암 환자와 가족들의 4년여 간의 기록을 담아내 화제를 불러일으켰다. 쉽게 꺼내기 어려운 두 글자 '죽음'이라는 철학적 키워드로 삶의 끝자락에선 어떤 깨달음을 얻을 수 있는지, 우리의 죽음은 아름다울 수 있는지를 과장하지 않고 자연스럽게 보여줬다. 특히 2부 '서진아 엄마는'은 눈물샘을 유난히 자극했다. 대장 암 판정을 받은 故 김정화 씨가 어린 아들을 두고 생의 마지막을 준비하는 모습에 감정이 동요하지 않은 이는 없을 것이다. 김정화 씨는 대장에서 시작된 암세포가 뼈까지 전이되며 항암 치료를 포기, 마지막 남은 날들을 집에서 아들과 함께 보냈다. 김 씨는 아들에게 보낸 편지에서 "엄마는 좀 아파서 서진이보다 먼저 하늘나라에 가게 됐다. 우리가 떨어져 있지만 늘 응원하고 격려하고 함께 할 거야. 나중에 다시 만날 때까지 사랑한다"며 절절한 모정을 드러냈다. 죽음을 아름답게 마무리하려는 이들을 보며 숙연해졌다.

기억을 더듬어 봤다. 가까이서 죽음을 목도한 때는 언제였나. 친할머니와 막내 작은아버지의 장례식에서였다. 두 분 다 안타깝게도 교통사고로 세상을 떠나셨다. 할머니가 돌아가셨을 때 친정아빠가 꺼이꺼이 우는 모습을 처음 봤다. 몇 년 후 막냇삼촌이 뒤이어 가셨을 때 아빠는 그 좋아하던 술을 단번에 끊으셨다.

회식 후 술에 취해 비틀거리며 길을 건너는 작은아버지의 모습을 운전자가 못 봤다고 했다. 사고 직후 대학병원으로 옮겨졌지만, 차에 치여 머리를 심하게 다친 바람에 하늘로 가셨다. 차 사고에 트라우마가 생겼는지 내가 운전면허를 따겠다고 할 때 아빠가 무척 말리셨다. 지금 생각하면 '교통사고의 위험'보다 '예상치 못한 죽음의 두려움' 때문이었던 것

육아가 유난히 고된 어느 날

임종체험 사진.

유언장 작성 시간,

영정사진을 바라보며

한 자 한 자

적어내려갔다.

같다. 이처럼 우리는 언제 갈지 모르고, 언제 사랑하는 사람과 헤어질지 모른다. 특히나 아이를 낳고 나니 갓 태어난 '생명체'를 두고 '죽음'을 생각하기가 참 어렵다. 이 아이의 부모로, 엄마로 평생 살 것만 같다.

몇 년 전 취재차 강남 개포동 능인 복지관에 위치한 임종체험 수련센터에서 '임종체험'을 했다. 체험은 죽음 명상, 유언장·묘비명 쓰기, 입관하기 등의 순서로 진행됐다.

나는 유언장을 쓰면서 주체할 수 없는 눈물을 흘렸다. 분명 가짜인데, 체험일 뿐인데 마지막이라고 생각하니 부모님이 가장 먼저 떠올랐다. 갱년기에 아파하던 엄마를 뒤로한 채, 늘 놀러 다니던 못난 딸, 엄마와 카페 한 번 제대로 간 적 없고 영화 한 편 같이 보러 가지 않은 딸, 일에 치여 힘들어하시던 아빠의 어깨를 주물러드린 적 없는 매정한 딸. 늘 남을 챙기는 데만 급급하고, 정작 내 지지자인 '가족'은 뒷전이던 삶이 후회스러웠다. 효도 한 번 제대로 못 하고 떠난다는 생각에 눈물이 앞을 가렸다. 시신은 "화장을 해 좋아하는 산에 뿌려달라"고 썼고, 장례식은 "주변 사람들이 내게 편지를 읽어주는 식으로 진행해 달라"고 부탁했다.

'입관 체험'은 임종 체험의 클라이맥스. 입관하면 실제 장례에 쓰이는 관에 눕는다. 장례지도사가 손과 발을 묶고 뚜껑을 닫으면 칠흑 같은 어둠이 찾아온다. 10여 분간 어둠 속(죽음)에 있었더니 관이 열리는 순간 "감사합니다"라는 말이 절로 나왔다. 빛조차 반가웠다. 잠시나마 죽음을 부정하기보다는 언젠가는 올 과정으로 생각하게 됐다. 함께 체험한 이들도 비슷한 반응이었다.

육아가 유난히 고된 어느 날

'죽음'이 궁금한 아이와 읽어볼 만한 그림책

최근 일본에서는 '데스 카페(Death Cafe)'가 일종의 유행이 되었다. 편안한 분위기에서 죽음에 관해 이야기하는 모임이라고 한다.[42] 인구 4명 중 1명이 65세 이상 고령자라서 그런가 했는데 교토의 젊은 승려들로 구성된 '와카조'가 간사이 지방에서 여는 데스 카페에는 20~30대 젊은이가 많이 모인다. 기회가 되면 한번 가보고 싶다. 자신의 경험을 끝자락에서부터 녹여내는 시간이 되지 않을까.

아이가 어느 정도 말문이 트여서 내게 '죽음'에 대해 묻는다면 어떤 마음이 들까? '데스 카페'를 데려가야 하나? 아이의 질문을 상상하던 어느 날 도서관에서 그림책 몇 권을 만났다. 《지구별 소풍》《잘 가 안녕》《할아버지는 어디 있어요?》《할아버지는 바람 속에 있단다》 이 책들은 살랑살랑 옷깃을 스치는 바람처럼, 부담스럽지 않게 글과 그림으로 죽음을 그려낸다.

《지구별 소풍》에는 봄이라는 아이가 엄마에게 죽음에 대해 질문하는 장면이 나온다. 엄마는 차분히 설명해준다. "봄이야, 사람은 누구나 죽는 거란다." 이에 봄이는 "죽지 마, 내가 지켜줄게"라고 답한다. 엄마는 아이를 꼭 끌어안는다. 엄마는 '죽음'을 '소풍'에 비유해 설명한다. 소풍 간 데가 아무리 재미있고 좋아도 거기서 살 수 없고 집으로 돌아와야 하듯, 사람들은 지구별에 소풍을 온 것이라고. 또 이해하기 쉽게 "엄마가 잠들면 천사가 와서 엄마의 영혼을 하늘나라 엄마 방침대로 옮겨놓는단다!"라고 덧붙이기까지 한다. 아, 나는 아이와 소풍을 온 것이로구나.

《할아버지는 어디 있어요?》에서 장례식에 참석한 아이는 이렇게 말한다. "할아버지는 나무 상자 안에 있었어요. 엄마가 그러는데 '관'이라고 하는 거래요. 관이 땅속으로 들어가요. 처음 보는 거라 조금 떨렸어요." 죽음을 조금 인지하기 시작한 아이는 후반부에 "시간이 흘러 새싹들이 파릇파릇한 봄이 왔어요. 우리는 할아버지를 자주 생각했지만 슬퍼하지는 않았어요. 할아버지가 했던 재미난 이야기를 떠올리며 웃었지요"라고 말한다. 아이는 알고 있었다. 굳이 죽음에 대해 장황하게 설명하지 않아도.

이 책 덕분에 죽음에 대한 질문을 받을까 두려워하던 마음이 한결 누그러들었다. 나 역시 부모가 아이는 예쁜 것만 봐야 하니 죽음을 감추는 쪽이 옳다고 생각했나 보다. 결국, 늙음과 죽음은 인간이 삶을 어떻게 해석하느냐에 달린 문제인데 말이다. 우리 사회는 '생'만 강조할 뿐 '노·병·사'를 직시하는 법은 가르치지 않았기에 죽음이 멀게 느껴지지 않았을까. 엄마인 나는 이제 조금씩 삶과 죽음에 대한 인식을 정립하려고 한다. 계획표대로 '이렇게 하겠어, 저렇게 하겠어'가 아니라 엄마의 의미 있는 흔적을 아이에게 조금이라도 남김으로써 의미 있는 삶을 살았다고 말할 수 있길 바란다.

갑작스러운 암 선고를 받은 77년생 젊은 의사 폴 칼라티니는 2년 반에 걸쳐 써 내려간 수필《숨결이 바람될 때》에서 이렇게 말한다. "죽음은 누구에게나 찾아오는 순회 방문객과도 같지만, 설사 내가 죽어가고 있더라도 실제로 죽기 전까지는 나는 여전히 살아있다."[43] 이 문장을 읽고, 잠이 오지 않던 새벽 잠든 아이를 보며 다짐했다. "더 이상 죽음은 '가까이 하기엔 너무 먼 당신'이 아니다. 우선 내 앞의 '삶', 엄마로서의 '생'을 감사히 여기자!"

육아가 유난히 고된 어느 날

아이의 직업,
예술 감각을 기른다면

직업

타고난 예술가가 부럽다

한 지역에 살더라도 저마다 생활패턴과 활동 범위 등에 따라 사는 모습
은 다르다. 중고등학교 동창들은 이따금 수원에 어디 갈 만한 곳 있냐고
묻는다. 지금은 내가 수원에 살지 않음에도 불구하고. 그럴 때마다 주저
하지 않고 추천리스트를 꼽는 날 보며 친구들은 무척 신기해한다. 같은
수원 토박이로 살았는데 왜 이렇게 정보의 편차가 크냐며. 나는 천성이
주변에 관심을 갖고 새로운 곳을 찾아 돌아다니는 편이라 그렇다며 웃
고 넘긴다.

　얼마 전에는 흥미진진한 곳을 또 하나 찾았다. 서둔동에 위치한 옛 서
울대 농업생명과학대학이다. '경기상상캠퍼스'라는 이름으로 바뀐 대학
은 더는 흉물로 방치된 폐교가 아니었다. 어린이 책 놀이터, 문화허브카
페, 생활예술공방, 생활예술 아트숍 등을 만들어 수원의 대표 문화공간

으로 변신을 꾀하고 있었다.

그곳에서 만난 유리작가는 나를 사로잡았다. 온갖 공예체험을 할 수 있는 경기 수원생생공화국에서 유리공예를 가르치는 박종해 작가. 쿠라시키 예술과학대학 대학원 졸업, 가나자와시립 우다츠야마공예공방 유리연수원 수료, 도야마시립유리공예센터 연구원 근무 등의 이력이 유리에 삶을 온전히 바친 그의 인생을 대변하는 듯했다. 분사 압력 조절을 통해 섬세한 작업이 필요한 유리공예. 구석구석 배치된 그의 작품을 보는 재미가 쏠쏠했다. 잠자리, 사마귀, 접시, 거미, 로댕의 대표작 '생각하는 사람' 등 스스로 한계를 넘는 시도를 많이 한 듯싶었다. 사람이 없는 틈을 타 그에게 유리공예의 매력이 뭐냐고 묻자 대답했다. "어떻게 (작품이) 나올지 모른다는 궁금증 때문이에요. 생각했던 것과 달리 정말 멋진 작품이 탄생할 때도 있지만, 예측할 수 없을 때가 많거든요."

의외였다. 대개 오랫동안 한 가지 일을 한 사람들은 이런 질문을 던지면 "하다 보니 여기까지 왔네요" "그냥 했던 거니까 계속하고 있죠" 이런 반응이 많았는데 말이다. 먹고사는 현실적인 문제 앞에서 힘들었을지 몰라도, 직업 예술가로서 순수함을 계속 유지하는 자체가 멋져 보였다. 작가가 오버해서 '수신의 과정'이니 '창조 정신을 구현한 작업'이니 장황하게 설명하고 거창한 의미를 부여했다면 고개를 돌렸을 게다.

무에서 유를 창조하는 타입의 전형적인 예술가인 그를 보며 잠시 사람이 지닌 '성향'에 대해 생각해봤다. 수학과 과학을 좋아하는 신랑은 "답이 딱 정해져 있기 때문에 공부를 즐겼다"고 말한 적이 있다. 이과 과목에 재미를 못 느꼈던 나는 그 말을 이해할 수 없었다. 내 흥미를 자극한 과목은 특별한 답이 없는 개방형, 무한형의 논술 시험이었으니까. 어

육아가 유난히 고된 어느 날

떤 서양화가는 원뿔 그리는 것을 좋아한다고 했다. 이유인즉 원뿔은 구, 정육면체 등과 같은 추상 형태지만, 다양한 형태(염소와 산양의 뿔, 생일 축하 모자, 새의 부리, 장미의 가시가 될 수 있다고)로 변신할 수 있다는 점이 마음에 든다고.

나와 사물을 보는 시선이 애초부터 다른 작가를 보며 어쩌나 부러웠는지 모른다.

아이를 낳고 나니 이렇게 자랐으면 좋겠다는 생각이 아기가 배 속에 있을 때보다 구체화됐다. 예술 따위를 생각하기 힘든 세상이라지만, 예술을 사랑하는 아이가 되었으면 하는 욕심이 든다. 자연 속에서 뛰어놀고, 자연을 빗댄 작품을 만들고, 아이가 머문 곳에 미래의 예술이 태어난다면 적어도 살면서 마주하는 여러 현실의 어려움 앞에서 무너지지 않고 일어나지 않을까 하고.

프랑스와 독일의 국경에 있는 작은 도시, 세계 미술의 중심지 바젤의 시민들은 예술을 대단히 사랑해서 세금에다 후원금까지 모아 피카소의 작품을 구매할 정도라고 한다. 언제든지 피카소의 걸작을 보고 싶다는 시민들의 순수한 열정에 감동한 피카소는 바젤시에 자신의 작품을 기증했다. 육신이 아닌 영혼을 살찌우겠다는 고차원적인 바젤 시민들은 못 따라가더라도, 아이가 본인 스스로 창의적 예술생산 활동을 했으면 좋겠다.

4차 혁명 시대, 기술 익히기

또 하나는 '기술' 하나는 제대로 있었으면 한다. 예전에 즐겨 다닌 단골 미용실의 사장은 직원을 두지 않고 예약제 중심으로 혼자 하는 분이셨다. 가게 유리창 너머로 처음 본 여주인이 어려 보여 괜찮을까 걱정했는데 기우에 불과했다. 몇 마디 대화를 나누니 의심은 물 건너갔다. 그녀는 자신의 이야기를 불편한 기색 없이 들려줬다. 나름 큰 규모의 미용실을 어떻게 운영하게 됐는지.

"전 대학을 안 나왔어요. 고등학교 때 미용사 자격증을 땄고 바로 대형 미용실에 들어가서 밑바닥부터 일했어요. 주말에 쉬어본 적이 없죠. 다행히 적성에 맞았어요. 단골손님도 늘고 디자이너도 나름 일찍 됐거든요. 제가 이거 차린 이유요? 몇 달 전까지 일하던 곳에서 월급도 밀리고 나이가 어리다고 경력을 무시하더라고요. 그래서 바로 나와서 가게 알아보고 한 달 만에 준비해서 차린 거예요. 혼자 하니 바쁘지만, 마음은 참 편하네요. 다 모아둔 돈으로 차렸어요. 물론 대출도 조금 받았지만요."

세상의 쓴맛, 단맛을 또래보다 먼저 경험했다기에 나이가 궁금했다. 아뿔싸, 알고 보니 나랑 동갑! 그런데 사회생활은 한참 먼저 한 선배! 그녀의 빠른 의사 결정력, 추진력과 행동력, 특유의 유쾌한 성격은 나를 홀렸다. 미용 실력은 두말할 것도 없고. 그녀는 "나는 공부 잘하는 사람이 부러워요. 기자라고요? 우와 그럼 아는 것도 많겠다!"라고 말했지만 내가 봤을 때 실속 있는 사람은 그녀였다.

이사 후에도 머리를 자주 잘라야 하는 직업군인인 신랑과 함께 마음에 드는 미용사를 찾기 위해 온 동네를 휩쓸고 다녔다. 프랜차이즈 미용실보다 전통시장 안에 있는 미용실, 개인이 하는 곳을 주로 방문했다. 지난달에는 찾아가는 곳마다 예약이 꽉 찼거나 생각보다 비싸서 허름한 미용실을 갔는데 여기에 보석이 있었다. 미용경력만 50여 년. 한 자리에서만 미용실을 한 지 30여 년인 할머니 미용사가 있지 않은가.

육아가 유난히 고된 어느 날

미용실에는 세월의 흔적이 가득했다. 이제는 골동품이 되어버린 쇠고데기(옛날 미장원에서 사용했던 쇠로 된 도구)도 있었다. 훨씬 오래가고 좋다고 극찬하며 아직도 쇠고데기를 쓰신다는 할머니 미용사의 삶이 궁금해졌다. 할머니는 그 옛날, 서울에 가서(유학이나 마찬가지셨단다) 미용을 배우고 고향에 돌아와 사람들의 머리를 책임지셨다. 10년 전까지만 해도 미용 봉사 활동을 활발하게 했지만, 지금은 힘에 부쳐 그만뒀단다. 그래도 이 나이에도 일할 수 있어서 행복하시다고.

실제로 미용실은 응접실, 동네 아지트였다. 그 후미진 곳에 계속해서 단골손님이 몰려왔다. 신랑 미용 후 현금 8천 원을 냈더니, 할머니는 우리 아이 세뱃돈이라며 2천 원을 도로 꼭 쥐여 주셨다. 따뜻한 인간미에 울컥! 골목 안 미용실에서 삶의 풍파를 견뎌낸 미용사들을 보며 자극을 많이 받았다. 빠른 손놀림, 세상 살아가는 지혜 등 배울 점이 많았다. 단순 암기의 시대는 가고, 4차 산업 혁명의 시대에는 창의성이 주목받는다 하는데 '머리 자르는 손기술'은 어떨까도 생각해봤다.

우스갯소리가 아니라 사람 일은 모르는 거니까 몇십 년 후에는 정말 내가 이·미용 봉사를 하게 될지 모른다고 했더니 앞 동에 사는 아주머니께서 한마디 하신다.

"저 바리깡 있어요~ 해보세요. 여름에는 애들 시원하게 머리 밀어줘야 해요."

"아줌마 소리? 이젠 좋다!
당신들을 오해했었네!"

아 줌 마

며칠 전, 저녁 식사를 차리는 내 뒷모습을 보더니 신랑이 말했다. "자기 아줌마 다 된 것 같아요." 이상하게 그 말이 싫지 않았다. "오호, 나도 이제 제법 아줌마 폼이 나나?" 오히려 의기양양하게 대답했다.

결혼한 여성을 허물없이 호칭 또는 지칭하는 말, 아. 줌. 마. 사실 난 결혼 전에는 이 단어에서 나오는 이미지와 아우라가 싫었다. 좋은 아내, 엄마, 며느리를 강요받는 듯한 대한민국 아줌마. 그 안에 '여성'은 없어 보였기 때문이다. 거칠게 말하면 '아줌마'는 어딘가 모르게 억척스럽고, 융통성 없어 보이는 이들에게 주어진 낙인 같기도 했다. 나 역시 '아줌마가 될 사람'이면서 '잠재적 아줌마'면서 속으로는 그들과 난 다를 거라고 생각했다. 혼자 고상한 척 다한 셈이다. 그런데 결혼을 하고 나니 반전이 일어났다. 진짜 멋진 아줌마가 방방곡곡 널려 있던 게다. 유명하고 인지도 있고 스포트라이트를 받으며 잘 나가는 여자들이 아니어도 말이다. 지금 난 어느 때보다도 아줌마들을 사랑하고 아줌마들에게 의지하며 살

육아가 유난히 고된 어느 날

고 있다.

첫째, 연륜 있는 아줌마에게 나오는 '삶의 지혜'는 초보 아줌마가 절대 따라갈 수 없다는 걸 알았다. 이름 대신 아파트 호수로 불린다는 동남아(동네에 남아 있는 아줌마)분들도 '시댁·친정과의 갈등 해결법' '육아 노하우' '남편 기 살리는 법' '요즘 해 먹기 좋은 음식' 등 각자 하나씩은 전문가 못지않게 꿰뚫고 있었다. 육아와 살림은 보통 일이 아니라는 걸 깨닫고 나서는 "한량은 무슨!"이라는 소리가 절로 나왔다.

둘째, 일상에서 저마다 치열한 삶을 사는 아줌마가 많다는 걸 이제야 알았다. 아이에게 맛있는 음식을 해주기 위해 10여 년간 요리를 배워 쿠킹클래스 공방을 차린 아줌마, 아이를 어린이집에 맡기지 않고 종일 '엄마표 육아'로 아이와 놀아주는 아줌마, 시부모님을 모시고 살면서 된장·고추장 등 장을 직접 담그는 것은 기본, 마을 공동체 모임에도 적극적으로 참여하는 아줌마, 강의하고 팟캐스트 하고 책도 쓰는 아줌마 등 일일이 다 적을 수 없을 만큼 수두룩하게 만났다.

아줌마를 바라보는 시선이 달라지고 나서 혼자 해결할 수 없는 문제에 봉착하면 친정엄마가 아닌 아줌마들에게 SOS를 칠 때가 있다. 친정엄마는 '영원한 내 편'이지만 나를 '딸' '자식'으로 보기 때문에 오히려 본인이 속상해하신다. 고로 객관적인 해결책을 얻기가 어려운 경우도 생긴다.

어린 시절, 자주 흥얼거리던 노래가 있다. "야쿠르트 아줌마, 야쿠르트 주세요. 야쿠르트 없으면 요쿠르트 주세요." 무슨 노래가 이런가 싶지만, 예나 지금이나 별다른 친분 없이도 자주 만날 수 있는 아줌마가 바로 길거리 한구석에 서 있는 야쿠르트 아줌마인 것을 말하는 듯하다.

20년 넘게 야쿠르트 아줌마로 일을 하고 있다던 분을 인터뷰한 적이 있다. 남편의 사업이 어려워져 일을 시작했다는 아줌마, 돈이 없어 아이와 동반자살하는 엄마들이 이해될 만큼 힘들었다던 아줌마, 처음 거리를 나설 때 콧등까지 모자를 눌러쓰고 다녔다는 아줌마. 자신의 과거를 회상하던 아줌마는 자신의 현재를 이렇게 정의했다. "지금은 제가 너무나도 자랑스러워요. 나 자신이 걸어 다니는 1인 기업이라고 생각하거든요."

특별히 당기지 않더라도, 아줌마의 힘을 느끼고 싶을 때면 야쿠르트 아줌마를 찾는다. 친정집과 가까운 시장에는 무려 3명의 아줌마가 일하신다. 나는 유모차를 끌고 그들은 카트 형태의 전동카나 손수레를 끈다. 조직에서 벗어나 반백수 프리랜서로 사는 '불안초초 대마왕'인 나를 향해 그들은 무언의 메시지를 던져주는 것만 같다. '괜찮아, 아줌마 뚝심으로 너는 뭐든 할 수 있어'라고.

누가 아줌마는 '아주 많은 사람의 엄마'라는 뜻이요, '아주 많은 엄마가 바로 아줌마'라고 했는데 그 말이 여기에 딱 어울린다. 나도 어떤 엄마로 살아갈지, 어떤 아줌마가 되어야 할지 생각해봐야 할 때다. 우리 사회에서 아줌마로 사는 건 여전히 편치만은 않지만 과거의 나처럼 생각하는 이들에게 한마디 하고 싶다. "아줌마들은 지금도 자란다. 무시하지 마라!"

무더위에 들을 만한 신나는 노래도 한 곡 추천해야겠다. 가수 WAX의 '아줌마'다. "아줌마는 너무 힘들어. 아줌마는 너무 외로워. 아줌마는 우릴 지켜줘. 아줌마는 우릴 사랑해. 아줌마여, 그대 이름은 천사여!"

육아가 유난히 고된 어느 날

엄마가 할 수 있는 봉사는
육아뿐인가요?

봉사

봉사로 삶을 빚어가는 사람들

일과 삶의 균형 잡기(워라벨). 프리랜서 선언과 동시에 임신 사실을 알고서 1순위로 둔 나의 신조다. 이를 지키기 위해 가장 먼저 일 욕심을 내려놨다. 양보다 질을 추구하기로. 생계유지보다 육아와 자아실현을 택한 만큼 돈을 떠나 내가 진정 쓰고 싶은 원고만 써보기로 했다. 한동안 한 일간지의 섹션을 책임지고 취재했는데 맡은 이유는 단순했다. 따뜻한 기사를 쓰고 싶어서. 이 지면의 성향은 정치면도 경제면도 사회면도 아닌 사람들과 어울리는데, 전부터 원하던 분야였다. 일명 '오아시스 뉴스' '착한 뉴스'. 아직 세상은 살 만하다고 말해주는 기사라고 표현하는 게 낫겠다. 그동안 여러 분야를 취재했지만 이만큼 취재 후에 진한 여운이 남은 적은 없었다. 발품 팔기가 녹록지 않지만, 현장에서 그 어느 때보다도 인간미를 느끼고 왔다. 주로 만나는 취재원은 지역 내에서 순수봉사를 하는 분들.

'봉사? 뭐 거기서 거기 아닌가'라고 생각한다면 오산! 교육, 기술, 문화예술, 의료보건, 상담자문 등 종류가 참 다양했다. 양로원 어르신들께 취미로 배운 민요를 불러주는 이들, 미용 자격증을 취득한 후 정기적으로 이·미용 봉사를 나가는 학생들, 빈집을 기부받아 작은 도서관을 지은 실내건축학과 대학생들. 매달 조금씩 모은 회비를 연말에 의미 있는 곳에 기부하는 여성 택시운전사 모임도 기억에 남는다. 이 모임 회장님은 이세 돈을 전달하는 데 그치지 않고 다른 차원의 봉사를 해볼 생각이라고 했다. "격일제로 근무하기 때문에 다음 날 오후에는 시간이 빌 때가 많아요. 아이들도 다 키워서 여유가 있으니, 앞으로는 홀로 사는 노인이나 소년·소녀 가장 및 저소득층 가구에 방문해 김치를 담근다든지 빨래를 해줄 생각이에요. 살림을 해본 여성들이기 때문에 그런 노하우는 다 있거든요." 입이 쩍 벌어지지 않을 수 없었다.

저마다 봉사 활동은 다르지만, 몇 차례 이들을 만나며 몇 가지 공통점을 발견했다. 모두가 물질적·시간적 여유가 있는 이들이 아니라는 것, 각자 할 수 있는 범위 안에서 최선을 다해 봉사에 임한다는 것, 봉사로 삶에 크고 작은 긍정적인 변화를 이끌어낸다는 것. 어느 순간 인터뷰가 끝난 후에도 질문을 계속했다. 이들에게 풍기는 기분 좋은 삶의 냄새에 취해버린 게다. "제가 할 수 있는 봉사가 있을까요?" "어떻게 해야 할지 방법을 전혀 모르겠어요. 누굴 찾아가야 할지, 아니면 제가 사람을 모아야 하는지. 용기도 안 나고요."

한 취재원이 이렇게 조언했다. "거창할 건 없어요. 기자님의 여건 안에서 찾고 만들면 돼요. 빵을 만들 수 있다면 빵을 복지관에 배달하고,

육아가 유난히 고된 어느 날

반찬을 만들 수 있으면 반찬 봉사를 하면 돼요. 저는 펜션을 운영하는데 노숙자들을 위한 공간을 짓고 싶다는 생각을 했어요. 그래서 관내 지구대에 연락해 얼마 전 노숙인 몇 분이 저희 펜션의 빈방에 와서 머물기 시작했어요." 또 다른 사람은 말했다. "지역 내 봉사센터에 문의하거나 본인이 만들어서 SNS에 올려도 좋지요. 한번 시작하기가 어렵지 그다음부터는 쉽답니다."

경력단절 주부의 자기소개서를 봐주다

며칠 후 나는 블로그에 글을 올렸다. 재능기부 봉사를 하겠다고, 자기소개서든 논술이든 분야에 상관없이 첨삭을 해주겠다고. 이 분야에 실력이 뛰어난 건 아니지만, 왠지 모를 자신감이 생겼다. 게다가 온라인은 시공간 제약 없이 언제 어디서든 할 수 있는 장점이 있어 임신 중이었지만 부담이 덜했다. 반응은? 의외로 좋았다. 생각 외로 나를 필요로 하는 이들이 많았다. 경력단절 주부가 재취업을 위해 쓴 자기소개서를 보내왔고, 논술이 취약해 입시의 꿈을 포기할 상황에 놓인 학생이 글을 보내왔다. 응원의 댓글도 이어졌다. 저마다 절실함이 느껴졌기에 매의 눈으로 살펴보고 답장했다. 대가를 바라고 시작하지 않았지만, 선물을 보내온 이들도 있고 "덕분에 자신감을 얻었다"고 편지를 보내온 이들도 있었다.

짧은 기간에 느낀 바가 많았다. 아프리카에 가지 않아도, 복지관에 들르지 않아도 지금 이 자리에서 할 수 있는 나만의 봉사가 있다는 사실이 뿌듯했다. '삶은 이렇게 철학이 되는구나.' 혼자 읊조리며 행복을 맛봤다. 오히려 코칭하면서 내 실력이 늘어나는 듯했다. 내가 활동하는 지역 내

한살림에서는 요즘 돌봄의 손길이 절실한 영유아기 엄마들을 위한 아기 돌보미 봉사 활동을 논의 중이다. 아이를 다 키운 선배 엄마들이 옛 시절을 돌아보며 초보 엄마들을 돕겠다고 나서는 모양이다. 참으로 반가운 소식이다.

얼마 전 부천시에서는 젊은 부모의 육아 생활을 돕기 위해 '아기환영 멘토 봉사단'이 본격적인 활동에 들어갔다. 봉사단은 보육교사, 교사 등 전문 자격이 있는 시민 중 육아 경험이 있고 관련 분야에 종사했던 경력 단절 여성을 중심으로 구성되었다. 이들은 아기 환영 정책을 알리고 육아 고충 상담과 가족 친화 프로그램을 진행한단다.

직접 해보니 육아, 그까짓 거로 치부하기엔 절대 쉬운 일이 아니었다. 용기 있는 사람들의 움직임이 엄마들을 웃음의 길로 인도했으면 좋겠다. 아직 '봉사'의 '봉'자도 꺼내기 민망한 햇병아리지만, 나와 비슷한 고민이 있는 이들에게 이렇게 조언하고 싶다. "결정적인 순간에 용감해지세요. 당신이 할 수 있는 일은 분명 무궁무진할 겁니다."

　　　　　　　　　　육아가 유난히 고된 어느 날

엄마 공부,
어쩌면 지금이 적기

공부

독박육아 엄마는 자기계발하기 힘든가요?

출산 전, 궁금한 것투성이였다. 밤에 잠이 안 올 때면 남들이 쓴 무시무시한 분만 후기를 읽고, 조리원을 나온 후 산후도우미를 써야 하나, 친정에 머물러야 하나 장단점을 비교해보기도 했다. 그러다 '엄마 공부'에 관심을 두고 출산·육아 관련 국내 최대 커뮤니티에 질문을 올렸다. "독박육아하면 엄마는 자기 계발하기 힘든가요?" 아이를 낳고 100일 지나면 집에서 '신문이나 책 읽기' '필사하기' '책 리뷰쓰기' '인터넷 강의 듣기' 중 두 가지쯤은 할 수 있는지 물은 거였다(지금 생각해보면 100일 후 공부는커녕 내 몸 돌보기도 어려웠는데. 어이없는 질문이었다). 반나절 만에 무서운 속도로 댓글 40여 개가 달렸다. 열에 아홉은 '불가능'하다고 답했다. '진짜 몰라 묻느냐'며 이상한 여자로 취급하는 뉘앙스의 글도 있었다.

반면, 가물에 콩 나듯 이런 엄마도 있었다. "저는 짬짬이 번역 일을 했어요." "아이가 잘 때 저도 잔 적이 있지만, 시간이 아까울 때는 공부를 했어요. 그래서 미술심리상담사 자격증을 땄네요." 논술토론 강사로 활동하는 지인 A에게 이 이야기를 하니 본인도 후자에 가깝다며 추억을 회상했다. "나는 그때 논술 첨삭해주고 그랬어. 큰돈은 못 벌었지만, 용돈 벌이는 가능했으니까. 아이가 좀 더 커서는 아기 띠 하고 지하철 타고 학원에 채점지를 가져다주곤 했지." A뿐만이 아니었다. 그림책 작가로 활동하는 B는 학습지를 추천해줬다. "100일 정도 후에 일본어 학습지를 했어요. 아이 수면 교육이 잘 되었기 때문에 가능했나 봐요. 학습지 선생님이 집에 올 때마다 공부는 물론이고 외부 사회와 단절된 느낌이 덜해서 우울한 기분이 가라앉았어요." 대학에서 사회복지 강의를 하는 지인 C. 그녀는 키즈카페에 아이들을 풀어놓고 본인은 그 옆 의자에 앉아 노트북으로 열나게 원고를 썼다며 "엄마의 공부가 불가능한 것만은 아니"라고 말했다. C는 사회복지 박사학위 역시 육아와 병행하며 취득했다. 대단한 여자다.

임신 기간에 나는 '부모교육지도사 1급'과 '독서지도사 1급'이라는 민간 자격증을 땄다. 막달이라 숨쉬기도 힘들었지만, 공부하면 할수록 지금이라도 시작하길 잘 했다는 생각이 들었다. 누구의 압박을 받지 않고 기존 교과 과정에서 벗어나, 자발적으로 하는 공부. 가방끈 따위는 의식하지 않는 공부. 또 하나, 박경리 선생의 대하소설 《토지》를 어린이를 위한 동화 편으로 읽었다. 출산 전까지 완독하기에 무리가 없었다. 단 한 사람의 영웅만 조명하거나 하나의 역사적 사건에만 초점을 맞추지 않은 토지. 한 장 한 장 페이지를 넘길 때마다 우리 민족의 근현대사를 훑으며 여행하는 기분이 들었다. 우리 이웃 같은, 백성들의 삶과 문화를 고스란

육아가 유난히 고된 어느 날

히 그린 작가에게 무한한 감사를 느낄 정도였다.

엄마의 공부는 엄마의 자존감으로 연결된다

인문학 공동체에서 만나 《공부하는 엄마들》이라는 책을 공저로 낸 작가들은 '온갖 신산을 몸에 새긴 주부들에게 공부는 삶의 새로운 가능성을 탐색하며 도전하는 일'이라고 강조한다. 그녀들은 공동체 공부 모임에서 듣기만 해도 어려운 노자, 순자, 한비자 등을 배웠다. 나 역시 그 말에 격하게 공감한다. 지혜에 공감하고, 일상에 적용하고 이런 일상이 반복되면 혁명을 일으키는 것보다 근원적으로 세상이 흔들리고 변화한다고.

아이를 낳고 한동안 공부를 등한시했다. 그러다 다시 독서모임을 만들어 한 달에 한 번 모여 여러 사람의 의견을 듣고 있다. 무엇보다도 '엄마의 공부'는 '엄마의 자존감'과도 연결이 되는 듯하다. 독서모임 엄마들에게 줄 책과 관련된 여러 자료들을 프린트할 때면 보이지 않는 힘이 샘솟는다.

앞으로도 무리하지 않는 양과 범위를 정해서 나만의 공부를 실천에 옮기고 싶다. 뜬금없이 박사학위를 따겠다는 게 아니다. 지금 상황에서 할 수 있는 활동을 모색해보겠다는 말이다. 일의 성과는 멈추지 않고 계속하는 데 있으니까. 몸 구석구석에 공부가 만들어 낸 축적물이 쌓이면 쌓일수록 스스로 삶에 의문을 품으며 사고의 지평을 넓혀가면서 내 삶의 맛은 더 깊어지지 않을까. 《소설가의 일》에서 김연수 작가가 한 말을 기억하며.

어떤 일을 할 것인가 말 것인가 누군가 고민할 때, 나는 무조건 해보라고 권하는 편이다. 외부의 사건이 이끄는 삶보다는 자신의 내면이 이끄는 삶이 훨씬 더 행복하기도 하지만, 한편으로는 심리적 변화의 곡선을 지나온 사람은 어떤 식으로든 성장한다는 걸 알기 때문이다. 아무런 일도 하지 않는다면, 상처도 없겠지만 성장도 없다. 하지만 뭔가 하게 되면 나는 어떤 식으로든 성장한다.⁴⁴

육아가 유난히 고된 어느 날

인터넷으로 공부할 수 있는 사이트

- 늘배움(www.lifelongedu.go.kr) 전국의 평생학습정보 및 콘텐츠를 한 곳에 모은 국가평생학습포털

- K-MOOC (www.kmooc.kr) 교육부가 지난해 시범운영을 시작한 한국형온라인공개강좌

- 학부모온누리(www.parents.go.kr) 국가평생교육진흥원 전국학부모지원센터

- 지식캠퍼스 지식(GSEEK) www.gseek.kr 경기도 무료 온라인 평생교육 포털

직업과 관련된 정보를 얻을 수 있는 사이트

- 워크넷(www.work.go.kr) 고용노동부 취업지원 사이트

- 커리어넷(www.career.go.kr) 한국직업능력개발원 취업지원 사이트

- 꿈날개(www.dream.go.kr) 온라인여성경력개발센터

- 서울여성능력개발원 서울우먼업(www.seoulwomanup.or.kr)

엄마의 꿈은 '경력단절'이 아닌 '현재 진행형'

꿈

엄마들과 여행 떠나기

몇 년 전, 100명의 엄마들과 여행을 떠난 적이 있다. 방송인 박경림 씨가 《엄마의 꿈》이라는 책을 내면서 '엄마의 꿈 열차'를 기획한 것이다. 박경림 씨는 인터뷰로 인연을 맺은 기업체 전문 여행사 송경애 대표를 만나며 엄마들과 함께 여행을 떠나보자는 데 뜻을 같이해 성사시켰다. 봄을 시샘하는 꽃샘추위가 계속된 2월 어느 날, 분홍색 옷으로 '깔맞춤'한 여성들이 청량리역 대합실을 물들였다. 30대부터 70대 초반까지 연령층도 다양했다. 이곳에서 수많은 엄마를 만났다. 기자로 살면서 좋은 점은 처음 보는 사람이라도 그 사람의 사연을 나름 쉽게 들을 수 있다는 거다.

여행엔 모녀가 함께 온 커플이 많았다. "저는 위로 오빠만 셋이고, 막내딸로 자랐어요. 어릴 때는 워킹맘으로 늘 바쁘신 엄마를 이해할 수 없었는데 엄마가 되고 나서야 이해할 수 있게 됐어요." 결혼 후 처음으로

육아가 유난히 고된 어느 날

단둘이 떠나는 여행이라는 딸과 엄마는 '엄마는 딸이고, 그 딸은 다시 엄마가 된다'는 말처럼 말로 표현하지 않아도 서로를 이해하는 듯했다.

여행은 청량리역에서 열차를 타고 강원도 정선에 가서 5일장과 스카이워크를 보고 정선문화예술회관에서 정선아리랑 극을 관람한 뒤 토크 콘서트를 갖는 일정으로 진행됐다. 여행의 대미를 장식한 엄마들만을 위한 토크 콘서트는 내 눈시울을 붉히게 했다. 엄마 아나운서를 맡은 한 여성이 무대에 섰다. 오랫동안 농협에서 일하다 웃음치료사로 새 인생을 시작한 이 여성은 "엄마인 제게 무대에 설 기회를 주셔서 감사하다"며 시원한 웃음으로 오프닝 무대를 장식했다. '엄마여서 제일 힘들 때' '엄마여서 행복할 때' 등을 이야기하는 시간도 있었다. 힘들게 임신해 낳은 아이가 '엄마'라고 불러줬을 때 행복했다는 엄마, 일하는 아주머니가 갑자기 그만두는 바람에 일주일간 아이를 학교에 몰래 데려와 숨겨두고 일한 교사 엄마까지. 사연도 가지각색, 다이내믹했다. 이것은 '영화'가 아니라 '실화'라는 점!

이날 화두는 역시 엄마의 꿈과 희망이었다. 엄마들은 저마다 마음속에 꿈을 간직하고 있다고 속내를 털어놨다. 박경림 씨는 엄마로 지내는 시간이야말로 경력 단절이 아니라, 경력 추가라고 생각한다며 응원했다. '경력 추가'라는 단어가 참 마음에 들었다. 결혼하고 아이를 낳고 보니 '경력 단절'이라는 단어가 참 불편하게 다가왔다. 프리랜서로 일한다고 해도 "예전에 기자 생활을 했어요"라고 나 자신을 소개하는 게 싫어졌다. 사실 내 꿈은 과거에도 있었고, 지금도 있는데. 아이를 낳고 오히려 풍부해졌는데. 항변하고 싶었지만 언론에서, 주위에서 나와 엄마들을 '경단녀'라고 말했다(물론 나 역시 그중 한 명이었다. 정치인에게 경력단절 해결방법을 묻는). 전업맘과 워킹맘을 구분하는 정책들도 굳이 그렇게 나눌 필요가 있을까 싶었다. '배려'가 때로는 '불편'을 만들었다.

경력단절, 왜 자꾸 '단절 여성'이래?

결혼과 임신, 출산, 육아, 가족 돌봄 등으로 경력이 끊긴 여성은 현재 약 205만 명에 이른다. 기혼 여성의 21.8%에 달하는 숫자다. 특히 30대가 되면 경력단절 여파로 고용률이 약 32%로 급격히 낮아진다. 여성들이 일과 가정을 양립해 지속적으로 일하기에 어려움이 많다는 걸 방증한다. 여성의 경력단절에 따른 사회적 비용은 연간 15조 원에 이른다고 한다.

결혼 전, 재취업 현장을 취재할 때는 잘 몰랐던 것들이 이제는 눈에 보인다. 엄마들이야말로 육아 경험으로 상황 대처가 뛰어나고 엄마로서, 아내로서 여러 일을 동시에 해내고 있는 만큼 책임감도 강하단 걸. 하나의 생명을 잉태해서 낳고 키운, 가장 위대한 일을 해냈다는 걸. 엄마는 사회에서 도태된 존재가 아니라, 사회에 기여하는 존재라는 걸. 정확하게 말하면 박경림 씨와 떠났던 여행은 취재에 가까웠지만, 이제는 기자가 아닌 동행하는 엄마로 다시 한번 가고 싶다.

취재하며 만났던 국회의원도, CEO도, 대학교수도 모두 '엄마'라는 이름을 가졌다. 다들 공감했다. 엄마가 되고 나서야 오히려 더 자신을 알게 됐다고. 자신들 안에 있던 신대륙, 또 다른 자아를 만났다고. 나 역시 나도 몰랐던 나를 조우하게 되었다.

친정엄마는 정원을 사랑했던 원예가 타샤 튜더처럼 느지막이 정원을 가꾸고 싶어 하셨다. 그녀가 쓴 책을 몇 권을 사다 드렸더니, 씨앗 종의

육아가 유난히 고된 어느 날

이름을 메모장에 기록해두셨다. 엄마의 꿈 노트엔 타샤 튜더에게 영감을 받은 아이디어가 늘어났다. 1년 후, 엄마는 외할머니의 텃밭을 받아 그곳에 씨앗을 심으셨다.

내 주변에는 가정 형편상 미대에 못 갔지만, 실력 발휘를 하는 언니가 있다. 몇 년 전 그 언니는 축제에 놀러 갔다가 캐리커처를 접하게 됐다고 한다. 축제 기간 내내 캐리커처 하는 곳에 가서 어떻게 그리는지 지켜봤고 딸아이 그림을 시작으로 100여 장이 넘는 캐리커처를 그렸다. 지금은 의뢰가 들어올 뿐만 아니라 형편이 어려운 분들에게 재능 기부도 하고 있다. 언니는 캐리커처와 베이킹 등의 취미를 살려 공방을 운영하고 싶어 한다. 나는 그녀가 '경력단절' 여성이라고 생각하지 않는다. 오히려 경력이 추가되고 있고, 꿈이 자라고 있다고 생각한다.

훗날 내가 다시 면접을 본다면, 인사담당자에게 이렇게 항변해보고 싶다.

"그동안 쉬는 공백이 있는데 뭐 했습니까?"

"저는 한 생명을, 제 꿈을 키웠습니다!"

면접에서 떨어지더라도 왠지 후련할 것 같다.

인터뷰
내가 만난
엄마들

엄마가 되고 나서야, 선배 엄마들을 우러러봤다.
"다들 정말 대단하세요"라는 말을 달고 살았다.
소위 사회에서 잘 나가고 유명하지 않더라도,
내 주변엔 엄마의 무게를 견뎌 온 멋진 엄마가
많았다. 얼핏 보면 눈에 띄지 않을 만큼 평범하지만,
육아현장에서 묵묵히 땀 흘리며 최고의 풍경을 빚어낸
엄마들을 소개해본다.

인터뷰1

엄마도 독립적인 꿈은 있어야 해요

미용 기능장 최금미(47세)

- 자녀: 1남 2녀(딸 23세, 19세, 아들 12세)
- 에피소드: 강원도로 이사한 후 마음에 드는 미용실을 찾기 위해 발품을 팔았다. 우연히 인터넷에서 미용 기능장이 하는 미용실이라는 정보를 본 후 찾아간 곳. 최금미 원장님을 만난 건 행운이었다. 서른 중반의 나이에 미용을 시작해 미용 분야에서 최고의 권위를 인정받는 자격증인 미용 기능장을 취득했다는 그녀의 인생 스토리를 들으며, 나 역시 "아직 늦지 않았어. 이제 시작일지도 몰라"라고 속삭이게 되는, 위로 아닌 위로를 받았다. 다음은 일문일답.

Q. 누구나 그렇겠지만, 엄마의 경우 긴 시간 아이들만 키우다가 새로운 일에 도전할 때 두려움이 큰 편입니다. 이를 극복하기 위해 어떻게 노력했나요?
A. 미용을 비교적 늦게 시작했어요. 간절히 바라던 일이었지만 기회가 없다고 생각했죠. 그동안은 하기 힘들었던 상황이라서 막연히 꿈만 꿨

육아가 유난히 고된 어느 날

습니다. 오랜 시간이 지나 막상 남편이 하라고 권하니 두려웠어요. 하지만 간절함이 그 두려움을 이겼습니다. 잘할 수 있다는 자기 체면을 수없이 걸었죠.

Q. 미용일 전에도 일을 이것저것 하셨다고 들었어요. 구체적으로 어떤 일들이었는지, 그게 지금도 긍정적으로 작용한다고 생각하나요?

A. 미용까지 계산해봤더니 23개쯤 되네요. 대학 등록금을 대기 힘든 형편이라 고등학교 졸업하자마자 일할 수밖에 없었습니다. 마트 행사 아르바이트부터 경리, 비서, 총무 등 사무직까지 두루 해봤습니다. 그때부터 컴퓨터를 잘 다뤘는데 지금도 잘 사용하고 있죠. 남편과 ○○ 도넛과 솜사탕 장사도 해보고, 주름지 공예 강사도 했습니다. 손으로 하는 일을 좋아해서 미용도 재미있게 할 수 있어요. 미용대회 때 의상을 만드는 일도 수월했고요. 저는 가진 재능을 삶에 적용하자는 주의입니다. 그래서 아이들이 한글을 떼거나 구구단을 외우고 한자를 공부할 때 워드로 자료나 교재를 직접 만들어 사용했습니다. 요즘은 인터넷에 많은 자료가 있지만요. 지금 내가 하는 일이 별 볼 일 없어 보일지라도 앞으로 내 삶에 어떻게 쓰일지는 아무도 모릅니다. 현재 열정적으로 최선을 다해 익히며 즐긴다면 미래에 정말 값지게 쓰일 수 있죠.

Q. 미용 기능장은 일반 미용 자격증에 비해 따기가 어려운 편인가요?

A. 미용장은 1급 미용 국가고시 합격자로 '미용 기능장'과 같은 말입니다. 영어로는 마스터뷰티션(Master Beautician). 미용장은 미용사 자격증 취득 후 동일 직무 분야에서 7년 이상, 혹은 동일 분야에서 9년 이상 실

무에 종사한 미용인이지요. 한국산업인력관리공단이 시행하는 한국미용장 국가기술 자격시험에 최종 합격해 한국미용장 자격을 취득한 미용인들을 말합니다. 미용장 자격 취득은 미용계 최고 영예의 자리이며, 사회적 대우는 기술사와 함께 기능계의 박사학위와 동등한 위치입니다. 국가 검증을 거친 공인답게 미용계에선 기능 명예박사로 인정해줍니다.

Q. 미용실만 운영해도 될 텐데, 페스티벌, 경연 대회 등을 꾸준히 나가는 이유가 있나요?

A. 미용대회를 통해 우물 밖을 볼 수 있었습니다. 혼자와의 싸움에서 이기는 법을 익혔고, 고된 미용장 훈련도 잘 마칠 수 있었죠. 교학상장(敎學相長)이라고 해야 할까요. 지금은 컨설턴트로 저처럼 배움에 목마르고 열정 가득한 원장님들을 가르치며 함께 배워가고 있습니다.

Q. 엄마들은 일과 가정의 균형을 맞추기가 어려운 편입니다. 본인만의 노하우가 있었나요?

A. 일에 전념하다 보면 가정에 소홀해지기 쉽습니다. 저는 제 스케줄과 가족들의 상황을 조율해서 맞춰가고 있어요. 먼저 아침에 청소와 정리를 하며 아들을 챙깁니다. 청소와 정리는 틈틈이 하고 일요일에 대청소를 합니다. 자주는 아니지만 예약 고객이 비는 시간에는 집에 가서 저녁을 차려줍니다. 저녁엔 공부나 훈련으로 12시에 퇴근하는 일이 많으니 가족들과 만나면 의식적으로 대화를 많이 해요. 또 필요하면 시간을 내서 아이들 나이에 맞춰 일대일로 데이트를 즐기며 애정표현을 합니다. 가족들 특성에 맞게 시간을 이용하며 한 사람 한 사람에게 집중하죠. 그리고

육아가 유난히 고된 어느 날

엄마가 슈퍼맨은 아니란 걸 얘기해요.

Q. 경력단절 엄마들이 새로운 일을 찾기 위해 집에서 할 수 있는 방법(가령 공부)이 있을까요? 아이디어를 부탁합니다.

A. 자신이 잘하는 것과 좋아하는 것을 접목해서 조금씩 준비(공부)한다면 아이들이 커갈수록 엄마들의 내공도 커질 것이라고 확신합니다. 학력이 필요하다면 사이버대학이나 방송대도 있고, 시간이 나면 학점은행제 학교도 많이 있으니 학위를 따세요. 돈이 부족하다면 나라에서 도와주는 국비 지원 자격증에 도전하는 것도 좋습니다. 국가자격증이 가장 좋지만 사단법인에서 주는 자격증도 괜찮습니다. 결혼 전 경력이 있다면 그것으로 나만의 아이템 사업(재택근무 형식)이나 인터넷 플랫폼을 활용해 적은 돈이라도 벌어보면 좋은 경험이 되고 내공도 배가 됩니다. 봉사활동이나 문화센터의 발표회 등으로 아마추어에서 프로로 발전하는 경우도 많습니다. 예를 들어 취미로 스피닝 운동을 하다가 강사 자격증을 취득해서 활동하는 분들도 있습니다. 대한민국 모든 엄마를 응원합니다.

Q. 엄마들도 꿈을 잃지 않고 공부할 수 있다는 본보기를 보여주는 듯합니다. '내가 무슨 꿈이야' 하고 낙담하는 엄마들에게 한마디 조언해주신다면?

A. 내 꿈 때문에 양보해야 하는 가족들 생각에 망설이다가도 꿈을 이루고 싶다는 간절함으로 나와의 싸움을 이겨냅니다. 엄마도 독립적인 꿈은 있어야 한다고 생각해요. 아이들이 커가며 혼자만의 시간이 많아질 때 엄마 스스로 행복해질 수 있는 길이니까요. 작은 목표부터 이루다 보면 용기도 나고 할 수 있다는 자신감도 생깁니다.

아내, 엄마, 며느리로 정신없이 살던 제 인생이 운동으로 변했죠

트레이너 윤수정(44세)

- 자녀: 1남 1녀(아들 16세, 딸 13세)

- 에피소드: 여성지에 다닐 때, 수원의 한 헬스장에서 몸짱 아줌마를 만난 적
이 있다. "안녕하세요?" 내 앞에 다가선 여성이 오늘 만나기로 한 취재원이 맞
나 의심했더랬다. 키 161cm에 몸무게 50kg, 신체 사이즈 75-65-83, 긴 생머
리와 탄력 있는 피부를 가진 그는 20대 후반으로 보였다. 16살 아들과 13살
딸을 둔 윤수정 씨는 '하늘의 별 따기'보다 어렵다는 다이어트를 보디빌딩을
통해 성공했다. 잠시 후, 그녀의 다이어트는 '출산'을 기점으로 시작됐다는 고
백(?)을 들을 수 있었다. 다음은 일문일답.

Q. 다이어트를 시작하게 된 계기가 있었나요?

A. 둘째 아이 백일 기념으로 찍은 가족사진을 보니 중년의 아주머니 한
분이 웃고 있더군요. 모유 수유를 하며 이것저것 먹었더니 살찌는 건 한
순간이었어요. 살을 빼려고 시도해봤지만 금세 포기해버렸죠. 그러다
2002년 '몸짱 아줌마' 정다연 씨를 방송에서 보고 자극을 받아 동네 헬
스장에 등록했어요. 그게 시작이었죠.

Q. 운동할 시간이 있었나요?

A. 남편이 출근하기 전 새벽, 아이들이 어린이집과 학교에서 돌아오기
전까지가 헬스장에 갈 수 있는 유일한 시간이었어요. 이마저도 시간이

없는 날에는 남편 와이셔츠를 다림질하고 난 후 컴퓨터 동영상을 보며 운동을 따라 했지요. 각고의 노력 끝에 3개월 만에 8kg을 감량했는데, 거기서 그만두고 싶지 않았어요. 운동을 체계적으로 배우고 싶어졌거든요. 문제는 돈이었죠. 개인 트레이닝을 받고 싶어도 비용이 만만치 않아 화장품 방판을 1년 했어요. 남편에게 부담을 주고 싶지 않았거든요. 동네 지인들에게 알음알음 판매했고 수입의 90% 이상을 저금했죠. 그렇게 모은 돈 500만 원을 들고 헬스장에 다시 찾아갔어요.

Q. 보통은 육아로 피곤해서 쉬고 싶으셨을 텐데 어떻게 그 마음을 다잡고 하셨나요?
A. 결혼과 출산을 하면서 예전의 내 모습이 사라진 현실을 실감하고 몸부터 출산 전으로 돌아가고 싶어서 운동을 시작했어요. 점점 몸이 바뀌는 걸 보고 자신감이 생겼죠. 주변의 시선도 바뀌어서 변화된 몸을 더 유지하고 싶었어요. 그게 제 생활의 활력소가 되었고 체력이 더 좋아졌기에 운동은 저의 치료 처방전이 되었습니다.

Q. 트레이닝을 받은 후로는 살 빼는 재미를 넘어 자격증까지 취득하셨다고요.
A. 2011년부터는 퍼스널 트레이너 국내·국제자격증, 매트 필라테스 3급, 스포츠마사지 3급 등 자격증을 취득하기 시작했어요. 주변에서 보디빌딩 대회에 참여하라는 권유도 꽤 받았죠. 남들 앞에서 몸을 보여준다는 게 처음엔 부끄럽기도 했지만, 열렬한 후원자인 남편과 아이들, 같이 운동을 하는 지인들의 응원에 용기를 얻었어요. 나바 코리아 스포츠 모델 6위, 인천광역시장배 피트니스 대회 6위, 부천시 뷰티 보디 대회 163 체급 3위. 20대 초·중반의 쟁쟁한 선수들 사이에서 '아줌마 파워'라는

칭호를 얻으며 주목받기도 했죠. 전문 보디빌더는 기본 1년 이상 준비하지만, 저처럼 평범한 주부가 뷰티 보디 대회에 출전하려면 기본 6개월 동안 운동과 식이요법을 잘 지켜야 매끈한 보디라인을 만들 수 있어요. 워밍업을 한 뒤 웨이트 트레이닝을 주 3회 하는 것을 기본으로 부위별 운동 프로그램을 작성, 기구 위주로 저중량 근력운동부터 시작하면 됩니다.

Q. 아이를 키우면서 몸매 관리를 잘하는 비결이 있을까요? 시간이나 금전적으로 여유가 없다면.

A. 운동으로써 변하고자 하는 의지와 노력과 관심만 있다면 가능합니다. 요즘은 SNS로 운동 정보를 많이 공유하니 영상을 유심히 보고 따라 해 봐도 좋아요. 블로그에 홈 트레이닝 프로그램으로 요일과 시간을 나눠서 운동할 수 있는 동영상도 있으니까요. 어느 정도의 시간 투자와 노력 없이는 몸뿐만 아니라 그 무엇도 얻을 수 없습니다. 요즘은 많은 대회가 있어서 마음먹고 운동한다면 대회에 참가할 수 있어요. 36세 이상부터 출전하는 시니어 대회도 많습니다. 나에게 주는 선물이라고 생각하고 큰마음 먹고 투자해서 한 번쯤은 도전하는 것도 평범한 주부의 일상에서 큰 행복과 변화를 만들 수 있는 방법이에요.

Q. 다이어트 식단에 도가 트셨을 것 같아요. 쉽고 간단한 요리 팁을 부탁드립니다.

A. 초절임 야채를 추천합니다. 파프리카, 양파, 오이, 고추, 무 등 야채를 먹기 좋은 크기로 썰고 물과 현미식초 또는 사과식초를 1 : 1 비율로 넣

육아가 유난히 고된 어느 날

으면 됩니다. 살짝 달콤한 맛과 식감을 위해서는 홍초를 넣어도 좋습니다. 다이어트하느라 자극적인 음식을 먹지 못할 때 조금 도움이 됩니다. 닭가슴살을 먹을 때 피클처럼 함께 드세요. 닭가슴살은 몸을 만드는 사람들뿐 아니라 단백질이 부족한 한국 식탁에 꼭 필요한 건강식이자 다이어트식이죠. 제가 아이들에게 자주 해주는 반찬도 닭가슴살 장조림인데 소고기 장조림보다도 훨씬 맛있습니다.

Q. 여성들이 출산 후 자신의 몸을 부끄러워하고, 심하게는 혐오하는 태도가 있는데, 어떻게 생각하는지요?

A. 탄탄했던 몸이 임신으로 부풀어 쪘다 다시 돌아올 때는 임신 전의 모습이 아니기에 받아들이기 힘들어하는 분들이 많아요. 하지만 아이가 커가는 모습을 보면서 잊어버리고 다시 일상이 반복되죠. 내 몸을 혐오하는 마음이 들 때 아이 키우듯이 내 몸 하나하나에 관심을 두고 나를 아끼는 마음으로 관리한다면 조금씩 예전의 모습을 되찾을 수 있다고 생각합니다. 누군가의 아내와 엄마, 며느리로 정신없이 살다 보니 '윤수정'이라는 이름은 뒷전으로 밀려났던 제 인생이 운동 덕분에 변했습니다. 운동으로 변화하고 더 당당해지는 여성들이 많아졌으면 좋겠어요.

아이의 올바른 식습관 형성을 위해 지키는 사항 세 가지

식품회사 연구소장, 식품영양학과 외래교수 김수현(37세)

• 자녀: 1녀 (28개월)

• 에피소드: 독서모임을 함께하는 언니를 만났다. 언니는 내게 새로운 취미가 생겼다고 했다. 식품을 살 때 궁금한 점이 생기면 고객센터에 전화한다는 거였다. 맞장구를 쳤다. 얼마 전 유기농 보리차를 구매하면서 아이에게 언제부터 먹여도 되는지 몰라 전화했던 게 생각나서다. 상담원에게 이것저것 물어보면서 여러 정보를 얻었던 기억이 났다. 언니는 내게 "정말 잘했다"고 칭찬해줬다. 맞다. 언니가 식품영양학을 공부했더랬지? 언니에게는 나와는 다른 뭔가 있지 않을까. 다음은 일문일답.

Q. 아이를 키우면서 전공과는 별개로 식품을 바라보는 시선이 바뀌었나요?

A. 2008년, 전 세계를 경악하게 한 '중국 멜라민 분유 파동' 기억하시나요? 중국 최대 유제품 생산회사에서 제조된 분유에서 멜라민이 검출된 사건이죠. 6만여 명의 영유아가 고통을 호소했고 심지어 사망까지 이르게 한 사건입니다. 유기화학물질인 멜라민은 열에 강해 플라스틱을 만드는 원료로 사용되는데 왜 식품인 분유에서 발견된 걸까요? 바로 제조업자가 나쁜 마음을 먹었기 때문입니다. 분유의 원료인 우유의 양을 늘리기 위해 다량의 물을 첨가하였고 그로 인해 기준 및 규격에 불합격될 것을 우려하여 멜라민을 혼합한 거죠. 이는 정부에서 기준을 설정했어도 제조업자가 마음만 먹으면 기준치에 맞는 제품을 위법적으로 만들 수

있음을 보여주는 사례입니다.

이러한 이유로 저는 마트에서 가공식품을 구매할 때 어떤 원료로 제품을 만들었는지 꼼꼼히 살피기 위해 제품의 앞면보다는 뒷면(식품의 유형, 원재료명 등)을 더 자세히 보는 습관이 있습니다.

Q. 아이 밥상 차리기, 편식하는 아이 등 식생활 부분에서 고민하는 점이 있으신가요?

A. 우리 아이는 24개월이 지나면서부터 초콜릿과 젤리를 먹기 시작했습니다. 초콜릿, 젤리, 캔디는 열량 이외에 다른 영양소가 거의 함유되어 있지 않은 대표적인 빈 열량 식품(empty calorie food)입니다. 빈 열량 식품을 다량 섭취하면 비만과 당뇨병에 걸릴 확률이 높아집니다. 아이에게 이런 식품들을 먹이고 싶지 않았으나, 아이가 다양한 매체에 노출이 되어 있다 보니 엄마 마음대로 되지 않았습니다. 며칠 전에는 아이가 온종일 캔디를 입에 달고 있었습니다. 먹이고 싶지 않았지만 울며 떼쓰는 아이에게 안 줄 수 없었죠.

식품영양학을 전공하였기에 5대 영양소(탄수화물, 단백질, 지방, 무기질, 비타민)가 풍부한 음식을 제공하려고 노력하지만 초콜릿, 젤리, 캔디를 대체할 만한 식품을 만들어 줄 수 없기에 여느 엄마와 똑같은 고민을 합니다.

Q. 건강한 먹거리, 안전한 먹거리를 찾기가 너무 힘든데요. 무조건 유기농, 국산만 찾는 게 현명한 걸까요?

A. 요즘은 먹거리가 너무 다양해져서 어떤 것이 좋은지 나쁜지를 판단하기 쉽지 않습니다. 다양한 제품 중에서 안전한 먹거리를 찾기는 더더

구나 힘든 일입니다. 따라서 제품을 선택(구매)할 때 '왜'라는 의문을 갖고 제품을 보길 바랍니다. 예를 들어 아이 첫 간식은 보통 쌀 과자인 일명 '떡뻥'으로 시작합니다. 그런데 쌀과자가 너무 다양해서 어느 회사 어떤 제품으로 시작할지 고민됩니다. 유명한 회사 제품으로 해야 할지 유기농 제품으로 해야 할지 아니면 조리원 동기가 추천해 주는 제품을 사야 할지 말이죠.

이럴 경우에 '왜'라는 의문을 가지면 제품 선택에 도움이 됩니다. 혼합 탈지분유는 왜 넣었을까? 또는 요구르트 분말은 왜 넣었을까? 유기농 쌀로 만든 제품을 선호하는 사람일지라도 혼합 탈지분유 가루가 왜 첨가되어 있는지 의문을 갖고 고객센터에 문의해본다면 그 사람은 이미 현명한 소비자입니다.

유명 연예인이 광고하는 유산균음료를 예로 들죠. 원재료명을 살펴보면 정제수, 국산원유(환원유), 액상과당, 프락토올리고당, 탈지분유(수입산) (이하생략) 이라고 표기되어 있습니다. 또한, 같은 회사 초코우유의 원재료명을 보면 원유(환원유 50%), 정제수, 액상과당, 코코아분말(네덜란드산) (이하 생략)이라고 표기되어 있습니다. 이러한 제품들을 구매하면서 원재료명을 읽어 보고 궁금한 원재료가 있다면 제품에 표시된 고객센터에 문의 전화를 해보는 똑똑한 소비자가 되었으면 좋겠습니다. 솔직히 이 글을 읽으면서 환원유에 대해 궁금증이 생기셨으면 해요.

Q. 엄마들이 이거 하나만, 신경 썼으면 하는 부분이 있을까요?
A. 음료수를 구매할 때 혼합 음료인지 확인했으면 좋겠습니다. 식품공전에서는 혼합 음료에 대해 "먹는 물 또는 동·식물성 원료에 식품 또는

식품첨가물을 가하여 음용할 수 있도록 가공한 것"이라고 설명하고 있습니다. 예를 들어 식품 유형이 혼합 음료라고 표기된 모회사의 음료 제품의 원재료명을 보면 다음과 같습니다. 레몬 청정 농축액(레몬과즙으로 1%, 이스라엘산), 정제수, 액상과당, 비타민C, 합성착향료(레몬향), 천연착향료, 구연산, 구연산나트륨, 수크랄로스(합성감미료), 효소처리루틴, 홍화황색소, 히알루론산이라고 쓰여 있습니다. 즉, 과채주스나 과채음료에 비해 식품첨가물로 가공한 음료라는 뜻입니다.

Q. 올바른 식습관을 기르기 위해 엄마와 아이들이 의식적으로 노력해야 할 부분이 있을까요?

A. 엄마와 아빠는 햄을 먹으면서 아이에게 햄을 먹지 말라고 가르치는 건 옳지 않은 교육이라고 생각해요. 아이의 올바른 식습관 형성을 위해 우리 부부가 지키는 사항이 몇 가지 있습니다. 첫째, 아이가 야채에 친숙해질 수 있도록 밥상 위에 오이, 브로콜리, 파프리카, 고추, 호박, 버섯 등을 자주 올립니다. 둘째, 가공식품, 냉동식품은 거의 사용하지 않습니다. 셋째, 탄산음료를 먹는 모습을 보이지 않습니다. 마지막으로 할아버지, 할머니와 자주 식사 시간을 가지며 식사 예절을 가르치고 있습니다.

주5일은 일을 우선하고 주말은 아이들과 오롯이 보냈어요

제이알 대표 이진화(41세)

- 자녀: 2남 1녀(21세·16세 남아, 23세 여아)

- 에피소드: 싱글맘의 육아는 외롭고 힘들다고 단정 짓기 마련이다. 내가 만
난 이 엄마는 조금 달랐다. 세 아이 덕분에 여기까지 올 수 있었고, 버팀목이
되었다고 했다. 친환경 무독성 집착제를 만들이 제조업 창업계의 '우먼파워'
를 증명한 여성 경영인 제이알 이진화 대표. 그녀의 진짜 이야기를 들어봤다.
다음은 일문일답.

Q. 창업하기까지 공부와 육아를 병행한 시절이 있었다고요. 어떤 원동력으로
그렇게 치열한 삶을 살 수 있었나요?

A. 대학교 2학년 때 첫아이를 낳았고 둘째 아이가 돌이 지났을 때쯤 복
학했어요. 학교에 부설 어린이집이 있어서 아침 수업을 듣기 전에 맡겨
놓고 6시에 데리고 왔어요. 복학하고 보니 대학 등록금에 아이들 어린이
집 비용까지 돈이 문제였죠. 방법은 과톱을 해서 전액 장학금을 받는 수
밖에 없었어요. 낮에는 아이들 육아로 책 볼 시간이 부족하니 밤을 새우
며 책을 봐야 했습니다. 노력한 끝에 복학 첫 학기와 다음 학기까지 모두
올 A+를 받자 그다음부터는 조금 쉬워졌답니다. 무엇보다 아이들의 도
움이 정말 컸어요. "엄마가 시험 기간이라 공부해야 해"라고 말하면 보채
지 않고 동화책을 펴들고 앉아서 책을 읽고 도화지에 그림을 그리고, 엄
마 옆에서 뭐하나 감독하면서 항상 제 말을 잘 따라줬습니다.

육아가 유난히 고된 어느 날

Q. 양육을 도와줄 수 있는 분들이 주위에 있었나요?

A. 저는 어린 나이에 부모님의 반대가 극심했던 결혼으로 산부인과에서 두 아이를 혼자 출산해야 했습니다. 출산 후 3일 만에 퇴원했는데 산후조리나 육아에 대한 도움을 어디에서도 받지 못해서 항상 외롭고 서러웠어요. 옥상에서 빨래를 널고 밑을 내려다보며 건물 아래로 뛰어내리고 싶다는 충동도 느꼈거든요. 그런데 아이들이 너무너무 예쁘잖아요. 세상에 이런 천사들이 없었어요. 이런저런 잡생각이 들 때마다 아이들을 보면서 위로를 얻고 복학하면서 자연스레 우울증도 극복되었어요.

Q. 천연 물질만으로 접착제를 만들기가 쉽지 않았을 텐데요. 창업하게 된 계기가 있으셨나요?

A. 우연히 마늘 진액에서 점성이 강한 성분이 나온다는 사실을 알게 됐어요. 제가 대학원에 진학할 즈음 새집증후군과 같은 화학물질의 유해성 문제가 부각되기 시작했거든요. 저와 같은 연구자들은 일반인보다 화학물질에 훨씬 민감했기 때문에 천연접착제의 필요성을 절실하게 느낄 수밖에 없었어요. 게다가 저는 화학물질에 대한 알레르기 반응이 심한 체질이고 아이들 피부나 호흡기는 연약하니까 육아하면서 화학물질에 더욱더 심한 거부감이 들었고 천연소재 접착제에 대한 관심이 컸죠. 지도교수님께서는 "우리나라는 접착제 원천 기술이 없어 천연 물질만으로 접착제를 만드는 건 현실적으로 어렵다." 하시며 말리셨지만, 나중에는 가장 큰 지원군이 되어주셨죠. 닥치는 대로 해외 논문들을 찾아 읽고, 마늘 속에 끈적이는 물질을 추출하기 위해 식품공학 교수를 찾아가 추출법을 배웠습니다. 꼬박 2년을 목재 접착 실험실과 식품 실험실을 오가며

연구한 끝에 마늘을 물에 용해해 농축시켜 추출한 유효성분으로 접착제 'JRN'을 만드는 데 성공했습니다.

Q. 엄마들은 일과 가정의 균형을 맞추기가 어려운 편인데요, 이에 대한 본인만의 노하우가 있었나요?

A. 아이들이 다 어릴 때는 엄마의 소소한 손길이 많이 필요했어요. 그래서 일주일에 5일은 일에 우선순위를 두고 주말은 아이들과 오롯이 시간을 보냈습니다. 집안일도 조금이나마 아이들과 분담했죠. 평일에 엄마가 꼭 필요한 날은 일반 직장인보다는 스케줄 조정하기가 수월한 편이라 아이들 활동에 참여했어요. 토요일과 일요일은 온 가족이 함께 (운동, 요리, 쇼핑 등) 뭔가를 했어요. 주말에는 제 비즈니스 미팅이나 개인 모임 등은 거의 잡지 않는 편입니다.

Q. 엄마들도 꿈을 잃지 않고 공부를 할 수 있다는 본보기를 보여주는 듯합니다.

A. 엄마도 엄마이기 전에 여자이고 여자이기 전에 한 사람입니다. 내가 꿈을 가지고 열심히 생활하면 아이들이 그런 엄마의 모습을 보고 또 꿈을 키워나갈 거라고 생각해요. 내 꿈이 무엇이든 그것이 크든 작든 상관없지만, 꿈은 무조건 있어야죠. 꿈을 향해 하루하루 무언가 열심히 준비하다 보면 자기 삶에서 행복을 찾을 수 있겠지요.

Q. 국내와 미국 중국 등 국외 시장에서 제이알 반응이 궁금합니다. 올해 그리고 앞으로의 계획이 있다면?

A. 최근 2년 새 화학물질의 문제점이나 피해사례가 연일 언론이나 SNS

육아가 유난히 고된 어느 날

를 통해 알려지고 있습니다. 하지만 우리나라는 아직도 미국이나 유럽에 비해 규제가 약합니다. 올해는 미국, 유럽, 중국, 베트남 시장을 꾸준히 공략하고 있어요. 현재 수출도 조금씩 진행하지만, 천연소재만으로는 마케팅이나 판매에 한계가 있어서 앞으로는 완제품 시장을 공략하려고 계획하고 있습니다. 접착제를 붙이는 소재로만 생각하기 쉬운데 실제로는 화장품, 의약품, 미용 재료 등에 엄청 많이 쓰이거든요. 뷰티, 헬스케어 시장에도 진입하기 위해 열심히 준비 중이랍니다.

인터뷰5

그림책 육아에서 가장 중요한 건 책을 읽어주는 부모의 사랑이에요

그림책 《사라질 거야》 작가 안세정(39세)

• 자녀: 1남 2녀 (10세 남아, 7세·3세 여아)

• 에피소드: 2015년, 인터뷰했던 주부 시민기자가 있었다. 동화작가를 꿈꿨던 그녀는 2년 후 정말 그림책을 썼다며 책을 선물해줬다. 평소 "글과 함께 하는 삶이 자신을 만들어가고 있다"고 자신하던 그녀다운 결과물이었다. 큰아이의 불평을 토대로 쓴 그림책 '사라질 거야'는 두고두고 보고 싶을 만큼 흥미진진했다. 그녀에게 그림책 육아에 관해 묻고 싶어졌다. 다음은 일문일답.

Q. 아이들에게 평소 그림책을 많이 읽어주셨나요? 엄마가 되고 난 후 발견한 그림책의 매력은 무엇인가요?

A. 첫 아이를 낳은 후에 책을 많이 읽어줘야지 결심하고 전집을 들였어

요. 둘째를 낳고 어린이 도서 연구회 활동을 하면서 단행본 그림책 중에 좋은 작품이 많다는 사실을 알았죠. 특히 엄마들과 품앗이 육아를 하면서 그림책을 많이 본 게 큰 도움이 되었어요. 아이들에게 보여주려고 샀는데 제가 더 좋아하게 된 그림책은 오히려 아이들 손이 닿지 않는 곳에 따로 두기도 한답니다. 그림책의 매력은 볼 때마다 새롭다는 것입니다. 금방 읽지만, 여운은 결코 짧지 않죠. 자신이 처한 상황에 따라 해석이 달라질 수 있다는 점, 독자마다 생각하는 지점이 다르다는 게 매력이라고 생각해요.

Q. 그림책 '사라질 거야'가 탄생한 배경엔 큰아이가 있었다고 들었습니다. 아이의 불평을 그대로 담았나요?

A. 그림책이 좋아서 꾸준히 읽고 또 마을 도서관과 초등학교, 강의하는 곳 등에서 늘 아이들과 어른들에게 그림책을 읽어주다 보니 문득 '나도 언젠가 그림책 작가가 되고 싶다'는 꿈을 품게 되었습니다. 자연스럽게 우리 아이들의 말과 행동을 천천히 관찰하다가 큰아이 불평이 이 아이만의 것은 아니겠다는 생각에 그 말들을 핸드폰에 메모해두었죠. 그 후에 동화 창작수업 마지막 과제인 그림책 더미북을 그 원고로 만들어서 발표했어요. 과제를 본 선생님께서 조금만 다듬으면 책으로 낼 만하다고 말씀해주셨고 한 출판사와 인연이 닿아 첫 그림책을 내게 되었습니다.

Q. 그림책 육아를 할 때 중요한 점은 무엇이라고 생각하시나요?

A. 그림책 강의를 할 때마다 늘 강조합니다. 아이들에게 책을 많이 읽히는 걸 목표로 삼지 말고 그저 '그림책을 매개로 한 소통'을 하라고요.

육아가 유난히 고된 어느 날

아이에게 중요한 것은 독서 이전에 자신에게 책을 읽어주는 부모의 사랑입니다. 그림책을 읽으면서 아이와 이런저런 이야기를 나누며 마음으로 소통하는 것이 무엇보다 소중하단 사실을 잊지 마세요. 억지로 읽은 열 권의 책보다 아이와 천천히 나눈 한 권의 그림책이 훨씬 낫다고 말해주고 싶어요. 아이는 엄마, 아빠와 나눈 그 그림책을 평생 잊지 못할 자기만의 보물로 삼지 않을까요? 그것은 그림책을 넘어서 엄마, 아빠와 나눈 사랑과 추억이 될 테니까요.

Q. 그림책을 쓰기 전, 시민기자도 했고 여러 문화센터의 글쓰기 수업을 들은 것으로 알고 있습니다. 구체적으로 어떤 노력을 기울였나요?

A. 어릴 때 부모님이 맞벌이로 일하셔서 늘 혼자였어요. 집에서 혼자 할 만한 놀거리라곤 라디오를 듣거나, 일기 쓰는 일이 전부였지요. 우울하거나 슬플 때, 좋은 일이 있을 때면 언제나 일기를 쓰거나 기록하기를 좋아했죠. 결혼 후 아이를 낳고 육아를 하면서 내가 할 수 있고 하고 싶은 일이 무엇일까 생각하다가 '글 쓰는 일'을 떠올렸어요. 당장 작가가 될 수는 없기에 지자체 블로그 기자나 인터넷 신문 기자, 칼럼니스트 등의 활동으로 내 경험을 쓰기 시작했습니다. 더 좋은 글을 쓰고 싶어서 서평 쓰기, 문장 강화 등의 글쓰기 수업을 듣게 되었고요. 우연히 품앗이 육아 활동을 하면서 그 사례를 마을기록으로 남기는 작업에 참여하게 되었고, 또 그것을 기반으로 품앗이 육아 활동을 하는 곳들을 취재하고 인터뷰해서 사례집을 발간하는 일까지 하면서 글 쓰는 재능이 많이 발현된 것 같아요.

Q. 세 아이를 키우면서 글쓰기 등 시간 관리는 어떻게 하는 편인가요?

A. 사실 글 쓰는 시간을 따로 내기가 무척 힘들어요. 그래서 글쓰기 모임을 만들어서 격주에 한 번 글쓰기를 해요. 또 다음 그림책을 내기 위해서 그림책 쓰기 모임도 진행 중입니다. 혼자서 하긴 어렵지만, 모여서 하면 강제적인 글쓰기가 가능합니다. 블루투스 키보드를 따로 챙겨 스마트폰과 연결해서 언제든 글을 쓰려고 해요. 원고작업에 좀 더 집중해야 할 때는 어쩔 수 없이 아이들을 모두 재운 늦은 밤, 잠을 쪼개면서 글을 쓴답니다.

Q. 아이를 키우면서 우선순위로 꼽는 나만의 육아 가치관이 있으신가요?

A. '더불어 살 수 있는 사람, 이 사회에 도움이 되는 사람으로 키우자'입니다. 점점 경쟁을 부추기는 사회에서 개인의 우수성을 강조하지만, 사실 행복은 함께 잘 살 수 있는 사람에게 주어진다고 보거든요. 혼자서 아무리 잘나 봐야 행복을 같이 나눌 사람이 없다면 그 삶은 빈껍데기가 아닐까요. 우리 아이들이 공부해야 할 이유는 자기 안위만을 위한 게 아니라 내 이웃, 공동체, 사회를 살리는 데 필요한 사람이 되기 위해서라고 생각해요. 그러려면 제가 먼저 그런 삶을 살면서 보여줘야겠죠.

Q. 엄마가 된 후에도 꿈을 이룰 수 있다는 걸 보여준 대표적인 엄마이십니다. 엄마들에게 희망의 메시지를 주신다면?

A. 저는 본래 무척 게으르고 나태한 사람입니다. 지금도 제가 감히 '작가'라는 이름으로 불린다는 사실이 꿈같아요. 작가의 꿈을 이룬 핵심은 바로 '육아'였어요. 혼자일 때는 쉽게 포기하고 접을 수 있지만, 아이를

육아가 유난히 고된 어느 날

키우는 일은 그만둘 수 없기에 좀 더 잘해보자는 심정으로 책을 읽었고, 함께 육아하는 엄마들과 모였고 그 속에서 내 재능(리더십, 글쓰기 등)을 발견했어요. 힘든 육아를 통해, 한 아이의 엄마로 당당해지기 위해 나로서 행복한 삶을 살아가고자 하는 의지가 더 일어나지 않았나 싶습니다. 저를 키운 건 100퍼센트 육아라고 당당히 말할 수 있지요. 육아는 결코 정체되는 시간이 아니랍니다. 엄마는 물론이고 성숙한 자신으로 성장하는 시간이라는 사실을 잊지 않았으면 좋겠어요.

엄마를 돌보는 마음 필사의 시간

어린이집에서 하원한 아이와 신나게 논다. 저녁밥을 해 먹이고, 씻기고, 재운다. '하아.' 그제야 피곤이 몰려온다. 이대로 자고 싶다. '그럼 흘러가는 오늘이 아쉽잖아.' 으라차차. 잠의 유혹을 떨쳐버리고 전날 미처 다 읽지 못했던 책을 읽어본다. 그다음엔, 노트 한 권을 펼쳐놓고 책 페이지에서 마음에 들었던 부분을 적어본다. 한 자, 한 자.

최근에 다시 필사를 시작했다. 아예 '필사하는 엄마'라는 모임을 만들었다. 10여 명의 엄마가 매일 필사를 한다. 밤 12시가 되기 전, 신데렐라가 집으로 돌아가야 한다면 우리는 필사 흔적을 사진으로 찍어 네이버 밴드 모임방에 올린다.

한 달가량 됐을까. 엄마들의 반응이 사뭇 달라졌다. 필사를 하는 시간 (평균 15분~30분이 걸린다)이 쌓이고 보니 자신도 모르게 위로를 받고 있었다는 것. 나라는 주체를 온전하게 챙기기 힘든 일상이 당연하다고만 생

대한민국에서
아이 있는 여자로
산다는 것

각했던 엄마들이었다.

"필사는 집중하기까지 시간이 무지 빨라요. 한 글자 한 글자 신경 쓰다 보니 글의 내용이나 작가의 의도가 쉽게 이해가 됐어요. 무엇보다도 그 어떤 방해 없이 누리는 내 시간이 생활의 큰 변화로 다가왔어요."

"저는 항상 일, 육아, 살림으로 저만의 시간이 없다고 툴툴거렸어요. 그런데 이렇게 필사를 하면서 하루 10분, 20분 쓰다 보니 억울한 마음이 사라졌어요."

"지금도 저는 빨리 '육아퇴근'하고 반신욕기에 앉아서 필사를 하고 싶어요."

나 역시 필사하는 시간이 일종의 마음을 챙기는 하나의 '의식'처럼 느껴진다. 엄마에게는, 이런 시간이 꼭 필요하다는 걸 엄마가 되고 나서야 알았다. 엄마인 나를 돌보면서, 아이도 돌봐야 한다는 걸.

엄마가 되고 나만의 방은 사라진 줄 알았다

지금으로부터 100여 년 전 버지니아 울프는 말했다. 여성에게 자기만의 방 따위는 없다고. 울프는《자기만의 방》에서 외친다. "1년에 500파운드라는 돈은 사유할 수 있는 능력이다. 자물쇠를 단 방은 홀로 사유할 수 있는 공간이다. 이 두 가지야말로 여성이 경제적, 정신적으로 자립할 수 있는 첫 번째 조건이다." 그녀가 말한 방은 단순한 물리적인 '공간'을 넘어 여성이 자신의 방에서 꿈을 꾸며 무언가 향유할 '권리'가 허락됨을 뜻한다. 결혼, 육아 등에 구애받지 않고 여성이 활동할 수 있는 곳.

엄마가 되고 나서, 나는 나만의 방이 사라졌다고 생각했다. 아이가 먹는 대로 자는 대로 싸는 대로 내 일상은 오로지 아이에 맞춰 돌아갔다. 나라는 세계로 내 삶을 이끌어 가던 나는 사라졌고, 이게 맞는 건가, 다들 이렇게 사는 건가 하며 자주 방황하고, 자책하고, 울부짖었다. 엄마가 된 나의 '그릇'이 작아 인정하기 어려웠다.

원고를 쓰는 동안만은 예외였다. 때로는 피곤했지만, 나를 돌아볼 수 있는 시간이 분명했다. '월화수목금금금' 엄마의 일상은 같았지만, 글을 쓰면 쓸수록 내 과거와 현재를 돌아보고 미래를 꿈꿀 수 있었다. 나는 궁둥이를 붙이고 앉아 이 방 저 방을 들락거렸다. 낮에는 자료를 찾겠다며 아기 띠와 휴대용 유모차를 끌고 도서관에 갔고, 밤에는 컴퓨터방에서 글을 썼다. 아이가 더러 깨기도 했지만, 그러면 다시 토닥거려 재운 후 키보드를 두드렸다.

특별한 육아조력자 없이 글 쓰고, 살림하고, 아이를 돌봤다고 해서 슈퍼우먼이라고 생각하진 않는다(어찌 보면 아이의 영유아 시절을 이기적으로 보

육아가 유난히 고된 어느 날

낸 엄마다). 우선순위를 정하고, 나를 머리 아프게 하는 것들은 멀리하거나 빨리 해결하려고 했을 뿐이다. 건강한 자존감을 유지하기 위해, 정신건강을 돌보기 위해 엄마만의 시간을 얻으면 사우나에 가서 냉온욕도 즐겼다. 물론 엄마라는 역할을 하며 이따금 혼란스럽고, 아프고, 지질하고, 힘들기도 했다. 분명한 건 비울 때마다, 미니멀하게 살려고 할 때마다 (그것이 무엇이든) 덜 힘들어졌다. 억울해하는 시간이 줄었다. 아이와 함께 시간을 보내는 데 있어서.

여자, 며느리, 엄마…맘충

얼마 전 동네 엄마들과 결성한 독서모임에서 조남주 작가의 《82년생 김지영》을 읽고 토론했다.

> 김지영 씨는 우리 나이로 서른네 살이다. 3년 전 결혼해 지난해에 딸을 낳았다. 세 살 많은 남편 정대현 씨, 딸 정지원 양과 서울 변두리의 한 대단지 아파트 24평형에 전세로 거주한다. 정대현 씨는 IT계열의 중견 기업에 다니고, 김지영 씨는 작은 홍보대행사에 다니다 출산과 동시에 퇴사했다. 정대현 씨는 밤 12시가 다 되어 퇴근하고, 주말에도 하루 정도는 출근한다. 시댁은 부산이고, 친정 부모님은 식당을 운영하시기 때문에 김지영 씨가 딸의 육아를 전담한다. 정지원 양은 돌이 막 지난 여름부터 단지 내 1층 가정형 어린이집에 오전 시간 동안 다닌다.[45]

나는 첫 장을 읽자마자 감이 왔다. 이거 대한민국 평범한 '엄마'들의 이야기구나. 작가는 '김지영 씨'의 기억을 바탕으로 2030세대 한국 여성의 보편적인 일상을 재현했다. 특히 제도적 차별이 사라진 시대(라고 한다)에 보이지 않는 방식으로 존재하는 내면화된 성차별적 요소가 작동하는 방식을 보여줬다. 여성이 한국 사회에서 '여자' '며느리' '엄마'로 길들다 어떻게 해서 결국 '맘충'이 되는지 보여주는 일대기 같은 작품.

나부터도 엄마가 되면서 인간관계가 적지 않게 끊어졌고 사회로부터 배제되어 가정에 유폐되었다. 아이를 매개로 한 인간관계를 맺고, 주변 엄마들과 '독박육아'하는 우리를 위로했다. 소설 같지만은 않은 책을 읽으며 독서모임에 참가한 엄마들은 대한민국에서 여자로, 특히 아이가 있는 여자로 산다는 것이 무엇인지 깊게 고민했다. 모두가 내가 김지영인지, 김지영이 나인지 헷갈린다고 했다.

우리는 현재 어떻게 살고 있는가. 우리에겐 어떤 대안이 있는가. 어떻게 '나'를 온전히 지킬 수 있을까.

21세기의 여성은 자기만의 공간을 갖고, 자신을 위한 소비를 하는 것처럼 보인다. 그러나 엄마가 되면 다르다. 출산 후 재취업은 하늘의 별 따기고, 유리천장에 부딪혀 좌절한다. 육아와 일에 치인 엄마들은 자기만의 방을 가졌다고 하더라도, 그 방에 있는 시간을 제대로 누리지 못한다. 그러면서도 곁에 있는 아이에게 말한다. "미안해, 엄마가 미안해"라고.

어떻게 하면 이 구조를 바꿀 수 있을지 모르겠다. 지금으로선 그저 더 많은 엄마가 '자기만의 방'을 가졌으면 좋겠다. 여성이자, 엄마로서의 자신을 존중하기 위해 내 주변을 탐색하는 시간을 가졌으면 한다. 그것이

육아가 유난히 고된 어느 날

허락되는 사회, 당연시되는 사회를 꿈꿀 따름이다.

너의 엄마로 살게 해줘서 고마워

나는 육아전문가가 아니다. 관련 학과를 졸업하지도 않았다. 이제 네 살 되어가는 아들을 키우는 초보 엄마일 뿐이다. 육아를 해온 시간보다, 앞으로 해야 할 시간이 더 길다. 그래도 나는 자부한다. 2년 남짓 '나' 자신의 호흡과 '엄마'라는 호흡을 맞춰가려고 노력했다는 것을. 바닥까지 내려간 나 자신과 처음 조우하고 나를 다독이며 성장했다는 것을.

돌이켜보면 엄마가 되고서야 '나'라는 사람을 더 잘 이해할 수 있었다. 내가 어떤 성향을 지닌 사람인지, 무엇을 좋아하는지, 어떤 현상을 불편해하는지, 어떤 스타일의 사람과 더 잘 어울리며 지내는지 말이다.

나는 안다. 내게 주어진 삶이 있듯, 아이도 앞으로 살아갈 제 몫의 삶이 있다는 걸. 그래서 내 삶의 그릇을 더 잘 빚고 나만의 철학을 잘 가꿔나가야겠다고 다짐한다. 그래야 내 아이가 삶의 영역을 확장해나갈 때 조금이나마 버팀목이자 친구 역할을 할 수 있지 않을까 싶다.

엄마가 되고 나서야 깨달았다. 엄마로 살아가기가 나쁘지만은 않다는 걸! 부족한 엄마를 향해 특유의 코찡긋 웃음을 보이는 아들에게 말해주고 싶다. '네 엄마로 살게 해줘서 고마워.'

주석

1 한혜진,《극한육아 상담소》, 로지(2016), p.63

2 한겨레, 사람 많은 접수대 앞에서 "성관계 언제? 낙태경험은?", 엄지원 기자, 2012-07-02
http://news.naver.com/main/read.nhn?mode=LSD&mid=sec&sid1=102&oid=028&a
id=0002148217

3 리사 랭킨 저, 전미영 역,《마이 시크릿 닥터》, 릿지(2014), p.382~283

4 아주경제, "배 안 나오면 임산부 아닌가요?"… 임산부도 못앉는 '임산부 배려석', 조득균 기
자, 2016-04-10 http://www.ajunews.com/view/20160410093949193

5 한겨레, "임산부에게 자리를 양보하겠습니다" 배지 달기 운동, 박수지 기자, 2017-06-18
http://news.naver.com/main/read.nhn?mode=LSD&mid=sec&sid1=102&oid=028&a
id=0002368780

6 경향신문, [이기환의 흔적의 역사] 조선왕실의 태교법, 이기환 논설위원, 2015-10-06
http://news.naver.com/main/read.nhn?mode=LSD&mid=sec&sid1=110&oid=032&a
id=0002639686

7 이교원,《생애 첫 1시간이 인간의 모든 것을 결정한다》, 센추리원(2012), p.275

8 국방일보, 분유는 원래 전투식량이었다, 운덕노 음식문화평론가, 2015-03-25
http://kookbang.dema.mil.kr/kookbangWeb/view.do?parent_no=1&bbs_
id=BBSMSTR_000000001003&ntt_writ_date=20150326

9 페미니스트 저널 이프, 초혼 역사 속 그녀들을 만나다, 최선경, 2013-04-24 http://blog.

육아가 유난히 고된 어느 날

ohmynews.com/feminif/499111

10 한국일보, [삶과 문화] 몸에 갇힌 존재들, 고금숙 여성환경연대 환경건강팀장, 2017-02-20
    http://www.hankookilbo.com/v/a447038ac3d542169162316171c1630a

11 KBS뉴스, '살 빼라'는 세상…불황 모르는 다이어트 산업, 이유진 기자, 2017-08-08 http://
    news.kbs.co.kr/news/view.do?ncd=3529811&ref=A

12 공지영, 《딸에게 주는 레시피》, 한겨레출판(2015), p.65

13 아시아경제, [낱말의 습격] 봄여름가을겨울은 무슨 뜻일까, 이상국 기자, 2017-04-25
    http://view.asiae.co.kr/news/view.htm?idxno=2017042510030097120

14 김숙년, 《오늘의 육아》, 꽃숨(2015), 본문 참고.

15 톰 호지킨슨 저, 문은실 역, 《즐거운 양육혁명》, 랜덤하우스코리아(2011), p.168

16 국민일보, [책과 길] 베르베르의 잠 못드는 이야기, 박지훈 기자, 2017-06-02 http://news.
    kmib.co.kr/article/view.asp?arcid=0923757821&code=13150000&cp=nv

17 베이비뉴스, 주차장에 '유모차전용주차구역' 어때요?, 정가영 기자, 2016-10-28 http://
    www.ibabynews.com/news/articleView.html?idxno=42686

18 에이블뉴스, 시각장애엄마의 지하철 '예찬', 칼럼니스트 은진슬, 2016-06-24 http://
    www.ablenews.co.kr/News/NewsContent.aspx?CategoryCode=0006&NewsCo
    de=000620160620195148123400

19 함돈균, 《사물의 철학》, 세종서적(2015), p.116~117

20 매일경제, 디지털 디톡스가 필요하다, 고평석 인문디지털 커넥터, 2016-12-07 http://pre-
    mium.mk.co.kr/view.php?no=17005

21 여성신문, "SNS에 무심코 올린 딸 사진, 소아성애자 범죄 표적 돼" 조국 교수 "나도 절대
    페북에 아이 사진 안 올려", 박길자 기자, 2016-06-12 http://www.womennews.co.kr/
    news/94796

22 오기출, 《한 그루 나무를 심으면 천 개의 복이 온다》, 사우(2017), p.8, p.41~44

23 베아트리스 퐁타넬 저, 심영아 역, 《살림하는 여자들의 그림책》, 이봄(2015), p.294

24 머니투데이, 혼밥족? 혼술족?…영화도, 여행도 '나홀로족' 전성시대, 박광범 기자, 2016-02-
    07 http://news.mt.co.kr/mtview.php?no=2016020514481788719&outlink=1&ref=htt

ps%3A%2F%2Fsearch.naver.com

25 월간 〈폴라리스〉, '쉬어가세요, 인생은 길거든요', 윤경민 에디터, 2017년 3월호, http://
    magazine.mypola.com/Pages/Article/View.aspx?nIdx=183

26 카렌 밀러 저, 김은희 역, 《엄마의 명상으로 아이가 달라진다》, 티움(2014), p.123

27 유루리 마이, 《우리 집엔 아무것도 없어》, 북앳북스(2015), p.14, p.18

28 김계수, 《나는 달걀배달 하는 농부》, 나무를심는사람들(2013), 본문 참고.

29 신승철, 《마트가 우리에게서 빼앗은 것들》, 위즈덤하우스(2016), p.92, p.220

30 행복이가득한집, 도심 속 고요, 사막의 오아시스, 정규영 기자, 2016년 6월호 http://happy.
    designhouse.co.kr/magazine/magazine_view?info_id=74136

31 올리버 예게스 저, 강희진 역, 《결정 장애 세대》, 미래의 창(2014), p.55

32 한겨레, 70년대 베스트셀러 제목은 '아들을 남자답게', 양선아 기자, 2014-08-06 http://
    news.naver.com/main/read.nhn?mode=LSD&mid=sec&sid1=103&oid=028&a
    id=0002241797

33 전몽각, 《윤미네 집》, 포토넷(2010), p.157

34 임경선, 《태도에 관하여》, 한겨레출판, 2015.03, p.88

35 뉴스1, 경기도민 44.4%, '노키즈존 업주의 영업상 자유 해당', 진현권 기자, 2016-02-
    18http://news1.kr/articles/?2577396

36 유복렬, 《외교관 엄마의 떠돌이 육아》, 눌와(2015), p.88~89.

37 세계일보, [굿모닝 이사람] 한국어린이안전재단 대표 고석씨, 송성갑 기자, 2005-09-12
    http://news.naver.com/main/read.nhn?mode=LSD&mid=sec&sid1=102&oid=022&a
    id=0000118720

38 디지털타임스, "고프바초프가 자필편지" 의뢰인 사로잡은 여성 보디가드, 이경탁 기자,
    2017-11-13 http://www.dt.co.kr/contents.html?article_no=201711140210146004100
    1&ref=naver

39 키즈맘, "무지에서 비롯된 가정 내, 정서적 학대" 오유정 기자, 2017-11-13 https://kiz-
    mom.hankyung.com/news/view.html?aid=201711135322o

40 경향신문, "아동학대 상담 '경찰 라디오' 들어보셨나요", 이진주 기자, 2017.02.27 http://

news.khan.co.kr/kh_news/khan_art_view.html?artid=201702272159035&code=940100

41 애슈턴 애플화이트, 《나는 에이지즘에 반대한다》, 시공사(2016), 본문 참고.

42 세계일보, [월드 위크엔드] 사람다운 죽음에 관하여… 일본 '데스 카페' 확산, 우상규 특파원, 2017-01-20 http://www.segye.com/newsView/20170120002735

43 폴 칼라니티 저, 이종인 역, 《숨결이 바람될 때》, 흐름출판(2016), p.180

44 김연수, 《소설가의 일》, 문학동네(2014), p.98

45 조남주, 《82년생 김지영》, 민음사(2016), p.6

참고한 책

공지영, 《딸에게 주는 레시피》, 한겨레출판, 2015.

김계수, 《나는 달걀배달 하는 농부》, 나무를심는사람들, 2013.

김숙년, 《오늘의 육아》, 꽃숨, 2015.04.

김연수, 《소설가의 일》, 문학동네, 2004.

김영숙, 《천천히 키워야 크게 자란다》, 북하우스, 2016.

리사 랭킨 저, 전미영 역, 《마이 시크릿 닥터》, 릿지, 2014.

베아트리스 퐁타넬 저, 심영아 역, 《살림하는 여자들의 그림책》, 이봄, 2015.

신승철, 《마트가 우리에게서 빼앗은 것들》, 위즈덤하우스, 2016.

애슈턴 애플화이트 저, 이은진 역, 《나는 에이지즘에 반대한다》, 시공사, 2016.

이교원, 《생애 첫 1시간이 인간의 모든 것을 결정한다》, 센추리원, 2012.

이정희, 《발도르프 육아예술》, 씽크스마트, 2017.

오기출, 《한 그루 나무를 심으면 천 개의 복이 온다》, 사우, 2017.

올리버 예게스 저, 강희진 역, 《결정장애 세대》, 미래의창, 2014.

유루리 마이 저, 정은지 역, 《우리 집엔 아무것도 없어》, 북앳북스, 2015.

유복렬, 《외교관 엄마의 떠돌이 육아》, 눌와, 2015.

육아가 유난히 고된 어느 날

임경선,《태도에 관하여》, 한겨레출판 , 2015.

전몽각,《윤미네 집》, 포토넷, 2010.

조남주,《82년생 김지영》, 민음사, 2016.

줄리 데이비스 편저, 박은혜 역,《영유아와 환경》, 학지사, 2014.

카렌 밀러 저, 김은희 역,《엄마의 명상으로 아이가 달라진다》, 티움, 2014.

톰 호지킨슨 저, 문은실 역,《즐거운 양육혁명》, 랜덤하우스코리아, 2011.

폴 칼라니티 저, 이종인 역,《숨결이 바람 될 때》, 흐름출판, 2016.

한혜진,《극한육아 상담소》, 로지, 2016.

함돈균,《사물의 철학》, 세종서적, 2015.